AI 视觉艺术

Midjourney

创作从入门到应用

（第 2 版）

靳中维 刘珂敏 ○ 编著

人民邮电出版社

北 京

图书在版编目（CIP）数据

AI 视觉艺术：Midjourney 创作从入门到应用 / 靳中维，刘珂敏编著. -- 2 版. -- 北京：人民邮电出版社，2025. -- ISBN 978-7-115-66209-5

I. TP391.413

中国国家版本馆 CIP 数据核字第 202506VM22 号

内 容 提 要

这是一本 Midjourney 图像创作指南。全书共 3 章，第 1 章为 Midjourney 简介，带领读者初步认识 AI 艺术和 Midjourney，介绍了 Midjourney 的安装和简单操作；第 2 章为 Midjourney 入门，介绍了如何设置提示词，以及 Midjourney 的相关参数设置、指令工具和出图方式；第 3 章为 Midjourney 实战，包括生成设计作品、生成绘画作品和生成摄影作品。本书详细介绍了 Midjourney 的基本功能、操作方法和实际应用，没有美术基础，甚至没有英语基础的读者在阅读本书后，也可以使用 Midjourney 创作出属于自己的作品。

本书适合对 AI 图像创作感兴趣的读者和有 AI 图像创作需求的设计师、插画师等阅读参考。

◆ 编　著　靳中维　刘珂敏
　　责任编辑　赵　迟
　　责任印制　陈　犇

◆ 人民邮电出版社出版发行　　北京市丰台区成寿寺路 11 号
　　邮编　100164　电子邮件　315@ptpress.com.cn
　　网址　https://www.ptpress.com.cn
　　北京盛通印刷股份有限公司印刷

◆ 开本：787×1092　1/16
　　印张：12.5　　　　　　　　　2025 年 5 月第 2 版
　　字数：270 千字　　　　　　　2025 年 5 月北京第 1 次印刷

定价：79.80 元

读者服务热线：(010)81055410　印装质量热线：(010)81055316
反盗版热线：(010)81055315

前言

人工智能（AI）已经深入人们的日常生活和工作，它可以陪人聊天、编故事、写程序、生成音乐、生成真人视频、回答问题，也可以进行艺术创作。在艺术领域，应用 AI 技术可以自动生成各类艺术作品，如绘画作品、摄影作品、设计作品等。许多新事物的产生都会在社会上引发巨大的波动，人们最初会对它们感到好奇、兴奋，之后可能会产生焦虑情绪，最后会进行深入思考和积极探索。

AI 只是一个更为先进的工具而已，为什么大家会感到焦虑甚至对它产生排斥心理呢？因为大家觉得自己有可能被取代，自己通过数十年学习掌握的知识、技术有可能被"门外汉"用 AI 工具分分钟获得甚至超越，大家不甘心。但趋势是无法逆转的。这么好的工具为什么不用呢？技术的发展不就是为了解放生产力吗？现在 AI 工具所使用的素材是数千年来人类积累的各种文明成果。网络上的数据通过多层神经网络转变成更加复杂和高质量的数据。这些数据可以为人类所用，发挥更大的作用。牛顿说过："如果说我看得比别人更远些，那是因为我站在巨人的肩膀上。"深层算法数据不断迭代，所引发的已不是量变，而是质变。

AI 技术爆发不过是最近一两年的事情，但它在各个领域所展现出的应用潜力已非常巨大。当人们逐渐冷静下来，认识到 AI 技术的价值和潜力，并开始积极地利用和管理 AI 技术时，人类将会在 21 世纪取得更加卓越的进步和发展。

在笔者撰写本书第 1 版的时候，人们对待 AI 的态度还处于好奇阶段，而如今我要开始更新图书内容时，大众对 AI 的态度已经转变为积极探索。众多大大小小的公司，开发的开发，应用的应用，都开始积极热烈地拥抱 AI。无论是街头张贴的宣传海报，还是电视上播放的综艺节目，都有 AI 工具的影子。

以上只是笔者对 AI 的一些感受。这本书会详细介绍 Midjourney，目的是让没有美术基础，甚至没有英语基础的人也可以使用 Midjourney 创作出属于自己的作品。希望读者通过书中的各种实战案例，能熟练运用 Midjourney，为自己的实际工作和生活提供更多帮助，真正做到学以致用。

靳中维

目录

 第01章

Midjourney 简介

 第02章

Midjourney 入门

Midjourney
简介

1.1 什么是 AI 艺术

AI 艺术是指使用 AI 技术创作的艺术作品，包括 AI 诗歌、AI 音乐、AI 绘画等多种艺术表现形式。本书主要围绕如何运用 Midjourney 生成图形图像进行讲解。AI 艺术可以被视为计算机程序与人类合作创作作品，因为计算机程序需要人类的指导和操作，并且它是在深度学习了许多人类艺术家的作品后生成艺术作品的。AI 艺术的概念已经存在了几十年，近年来，由于机器学习等技术的发展，它变得更加成熟并得以普及。

除了 Midjourney，比较流行的 AI 图像生成工具还有 Stable Diffusion、Dall-E、Imagen、VQGAN+CLIP、Dream、Disco Diffusion 等。这些工具中最热门的就是 Midjourney 和 Stable Diffusion，它们都可以根据一段描述性文字或关键词自动生成一幅作品。

AI 艺术的好处如下。

（1）提高能力：AI 工具可以帮助人们突破自身的瓶颈，取得意想不到的效果。没有绘画基础的人也可以利用 AI 工具创作出自己的作品。

（2）提高效率：使用 AI 工具可以节省时间。AI 工具可以在短时间内生成数张图，速度非常快，人们可以从中挑选出自己满意的作品进行修改和完善，大大提高了生产效率。

（3）激发创意：AI 可以激发人们的创意。人们可以利用 AI 工具来探索新的艺术风格，从而创作出更加独特和具有创意性的艺术作品。

（4）降低成本：AI 可以降低艺术作品的创作成本。传统艺术家在创作过程中往往需要使用昂贵的材料和工具，如油画颜料和摄影器材等。使用 AI 工具进行创作就不存在这些问题。

通过 AI，人们可以进入自己未曾涉足过的领域，如服装设计、IP 开发、装饰画设计、图书插画设计等。AI 在艺术领域的应用已经成为一种趋势，它推动了艺术创新和艺术市场格局的变革。

没有美术基础、英语基础的人也可以利用 AI 技术创作出具有美感和创意的艺术作品。AI 可以推动人类艺术的发展和创新，为人们的生活带来新的可能性。

1.2 Midjourney 能做什么

Midjourney 是目前最流行的 AI 图像生成工具之一，官网上对 Midjourney 的介绍是："Midjourney 是一个独立的研究实验室，旨在探索新的思维媒介，增强人类的想象力。"对 Midjourney 来说，任何图像类的作品它都可以生成，包括绘画作品（如油画、水彩画、国画、素描、数字绘画、漫画等）、摄影作品（如人物摄影、风景摄影、动物摄影、微观摄影、美食摄影等）、3D 作品（如城市、人物、动物、妖魔鬼怪等）、电商作品（如 UI 界面设计、H5 页面设计等），以及设计作品（如包装设计、平面设计、影视设计、建筑设计、装修设计、城市景观设计、服装设计、首饰设计、工业产品设计等）。Midjourney 还可以生成各种风格的作品。

AI 算图的方式是混合大量图像数据。起初，大家把生成图像的 AI 工具称为"缝合怪"，因为早期用 AI 工具生成的图像中各种元素拼凑的痕迹过于明显。Midjourney 在这方面比较有优势：根据参考图片生成的图像和参考图片有着非常大的差异，Midjourney 会尽量避免它们具有过大的相似性。

Midjourney 是一个比较特别的工具，它是聊天应用中的一个社区，在界面中可以看到很多用户的图像生成过程，包括使用的关键词、参数的设置、调整的方式等。在这个社区中，用户可以互相学习，开发人员也会根据反馈不断优化功能，反馈和优化在不间断地持续进行。

如下图所示，Midjourney 画廊会随机展示部分社区用户生成的作品，这些作品涵盖各种题材和风格。

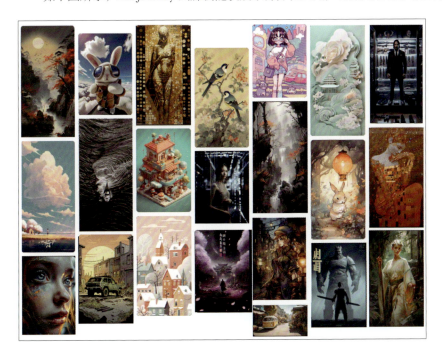

右侧的两张图是笔者用
Midjourney 生成的。第 1 张
图是摄影风格的作品，第 2
张图是插画风格的作品。可
以看出，Midjourney 可以在
多种风格间任意切换，而这
是大部分人无法做到的。

1.3 Midjourney 的安装和订阅

Midjourney 与其他软件的不同之处在于，它是一款聊天应用——Discord 中的一个社区。Discord 是一款聊天软件，用户主要是游戏玩家，如今随着 AI 的大热，平台涌入了很多进行 AI 图像生成的用户。

1 安装与体验

第 1 步：注册。登录 Midjourney 主页，创建一个账号，填写要求的所有信息。经笔者测试，Gmail 邮箱和 QQ 邮箱都支持。

第 2 步：创建服务器或使用邀请码进入服务器。注册好之后即可登录，这时界面会弹出一个对话框，让用户创建首个服务器。可以单击"亲自创建"按钮，自己创建一个服务器；如果有朋友的邀请码，就不需要创建服务器了，直接单击底部的"已经有了邀请？加入服务器"即可。

第 3 步：添加 Midjourney 服务器。进入社区后，会发现崭新的服务器内什么都没有，这时需要登录注册时使用的邮箱进行验证。验证完以后回到 Midjourney 界面，在界面最左侧单击"探索公开服务器"图标 ，看到特色社区中的 Midjourney，直接单击即可。

第 4 步：（1）选择房间。第一次在 Midjourney 中进行操作时，需要加入一个新人房间（NEWCOMER ROOMS），如下图数字 1 绿框所示，任意选择一个新人（newbies），即可开始创作。喜欢热闹的用户可以在这里和大家一起创作，但这样有个弊端：创作者太多，往往需要花时间在作品堆中找自己的生成作品。（2）创建自己的创作空间。为了有一个属于自己的创作空间，可以把生成机器人单独添加至自己的服务器，按照图中数字 2 ~ 4 的顺序逐个单击，即可完成添加。

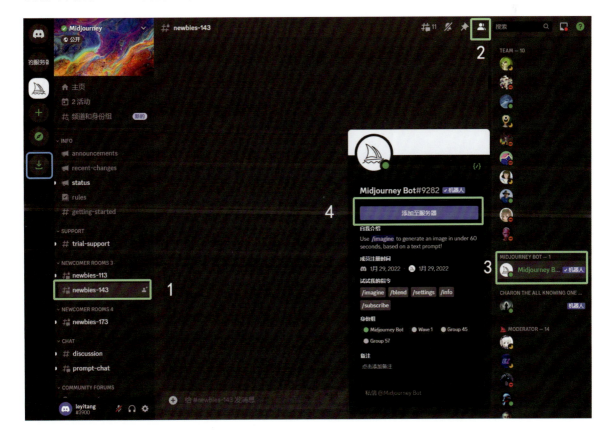

第 5 步： 安装桌面 App。到第 4 步已经可以开始进行创作了，但为了获得更好的体验，可以安装桌面版 Discord App。单击界面最左侧的![图标]图标，即可下载 App。

第 6 步： 初体验。在社区界面的底部，下图绿框所示的位置有一个类似对话栏的地方，叫作指令框，在其中输入提示词即可生成图片。具体操作可以查看 1.5 节。

② 成为会员

第 1 步： 打开订阅界面。在操作界面的指令框中输入"/"，调出"/subscribe"指令，如下图（左）所示，使该指令处于选中状态，按 Enter 键确认，单击"Open subscription page"，会弹出一个订阅计划界面，如下图（右）所示，顶部用蓝框示意的是年度会员，用绿框示意的是月度会员。下面三列分别为基本计划、标准计划、专业计划。一般选择基本计划即可，这样每月可以生成 200 张图。如果有更高的需求，也可以选择标准计划或者专业计划。

第 2 步： 进入付款界面。有按年订阅和按月订阅两种方式，选择好自己的订阅方式，单击对应的按钮即可进入付费界面，Midjourney 支持用支付宝付费和信用卡付费（支付宝支付方式官方经常会做调整）。付费后，就可以开始畅玩了。

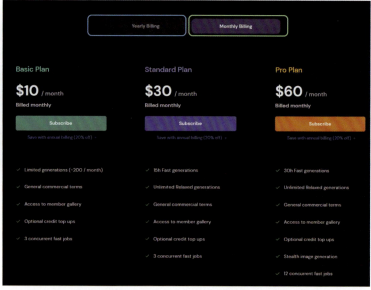

1.4 Midjourney 的界面介绍

1 Discord 社区版界面

Midjourney 是一个社区聊天服务器，所以它的界面很像聊天软件的界面。下面主要讲解最关键的 6 部分，按下图中标注的数字依次进行介绍。（根据操作顺序，生成作品主要使用 4、2、5 区域的功能。）

（1）**竖栏**：包含各种频道和各种身份组。从上至下依次为信息、支持、新人房间、闲谈、社区论坛、陈列窗等分组。其中最常用的就是新人房间和闲谈频道。

（2）**显示区**：显示生成的作品。由于是"聊天"形式，因此可以看到很多用户的发言（生成的作品）。

（3）**用户列表**：显示的是在线用户，可以和他们聊天。但在生成作品的过程中，用户主要是和 Midjourney Bot 机器人进行互动。

（4）**指令框**：在这里输入指令，从而生成作品。

（5）**作品操作按钮**：这里第一次生成的 4 张图都属于预览图，精度比较低。若想获得大图，就要单击图片下方对应的带有字母 U 的按钮。数字 1 ~ 4 对应的是从左到右、从上到下的区域。U 代表放大，V 代表把数字对应的图像重新生成几个有微小变化的版本。单击后面的刷新按钮🔄，可以按目前的要求重新生成 4 张不同的图像。

（6）**设置栏**：单击齿轮按钮⚙，可以查看个人的用户设置。

❷ Midjourney 网页版界面

Midjourney 网页版在 2023 年底上线，把生成功能和作品展示页面整合到了一起，可以在查看作品的同时进行图像生成。网页版界面和 Discord 社区内界面相比，最大的区别是交互更加直观，里面的各种指令、参数转换成了一个个滑块和功能按钮。

下面主要讲解最关键的 5 部分，按下图中标注的数字依次进行介绍。

（1）**指令框**：在这里输入需要生成的内容提示词，从而生成作品。

（2）**设置区域**：对将要生成的图片进行参数设置，如比例、风格化、混乱值、模型版本等。

（3）**编辑区域**：对生成的图片进行编辑，如放大、左右上下扩图、倍数扩图、再次变化、局部修改等。

（4）**页面导航栏**：点击之后可以进入不同的页面。

Explore：探索页面，可以看到一些官方推荐的用户生成的优秀作品。

Create：图像创建页面。

Archive：用户生成作品的存放页面。

Chat：闲聊页面，这里的功能类似 Discord 社区显示区，用户可以一边生成图片，一边互相评论，用户在这个页面生成的图片都是公开的。

Tasks：任务页面，其中有 Rank images、 Rate ideas 和 Surveys 三个任务，都是用户对 Midjourney 的产

品开发进行反馈的途径。例如用户可通过 Rank images（图像评选）对展示的图片进行评选，挑出效果更好的图片。根据大众的评断，官方可以统计出哪种效果是大家喜欢的，以便进行升级改进。Tasks 中的三个任务都是用户自愿进行操作的。

（5）**作品展示区**：生成的作品会展示在这个区域。

网页版的操作界面更接近于传统的软件界面，编辑会更加直观，但在笔者编写本书时，它依然是"alpha"版本（最初版），存在很多不确定性，界面和功能也会随时变动。笔者已经在 Discord 社区版中生成了上万张图片，并且社区版的下拉式网页界面更容易对比、查找生成的不同图像，所以笔者更习惯在 Discord 社区版中进行操作。本书主要使用 Discord 社区版进行讲解。

Niji 已经推出了手机版的 App（Niji 是 Midjourney 中的一个专门用来生成动漫风格图像的模型），笔者预估可能在数月之后，官方也会推出 Midjourney 的手机版 App。

1.5　Midjourney 的简单操作

创作往往需要经过模仿阶段，而模仿是一种行之有效的方法。当想要通过 Midjourney 创作图像却又无从下手的时候，可以在 Midjourney 界面显示区观察别人的优秀作品是如何生成的。擅长英语的读者可以直接查看，英语基础欠佳的读者可以借助各类词典软件，启用取词和划词功能进行查看。主要看别人输入的是什么指令，生成的是什么样的图像，彼此有什么关联。

在 Midjourney 中输入命令的方式是：在指令框中输入"/"，调出"/imagine"，在黑框的 prompt（提示词）后面输入文字，按 Enter 键确认，即可生成图片。

大部分用户的提示词看起来不像连贯的句子，而是一些碎片式的关键词，如性别、外形、动作、国家、地点等。如果看到有用户在提示词后面使用"--"开头的指令，说明这些用户是老手。"--"后面的内容就是 Midjourney 的各种参数设置，这属于高级用法，2.2 节会详细讲解。

1.5.1 你的第一个 AI 绘画作品

Midjourney 可以生成各类绘画作品，如油画、水彩画、国画、素描、数字绘画、漫画等。可以先拿国画来尝试。提示词是"一幅漂亮的中国山水画"。英文就是"A beautiful Chinese landscape painting"。

在指令框中输入"/"，调出"/imagine"指令，在黑框的 prompt 后面输入"A beautiful Chinese landscape painting"，之后按 Enter 键确认，即可得到右图所示的四格图。

怀着激动的心情，随意挑一张图，单击图片下方对应的放大按钮，看一看效果。这里选择第 3 张图，单击 U3 按钮，右图是单击后生成的图像，可以看到内容有变化，但变化不是很大，新生成的图像尺寸会增大，细节也会增多。

1.5.2 你的第一个 AI 摄影作品

Midjourney 可以生成各类摄影作品，如人物摄影、风景摄影、动物摄影、微观摄影、美食摄影等。不能很好地生成人物图像一直是 AI 被诟病的地方，可以先拿人物来练手。

提示词是"一位穿汉服的美丽的中国姑娘"。英文就是"A beautiful Chinese girl in Hanfu"。输入英文之后按 Enter 键确认，即可得到下页图（左），是 4 位很有中国特色的姑娘。

第 3 张图很有特点，背景也不错，单击 U3 按钮，放大看一看效果，如下页图（右）所示。这张图的画质还可以。

1.5.3 你的第一个 AI 设计作品

Midjourney 在设计方面的表现也很好，可以用手机来尝试。

提示词是"一款透明的、很有科技感的高档女士手机"。英文就是"A transparent, high-end women's phone with a sense of technology"。输入英文之后按 Enter 键确认，即可得到下图（左）。第 3 张图中手机的质感看起来不错，可以放大看一看效果，单击 U3 按钮，画面效果如下图（右）所示。

以上作品都是在没有设置任何参数的情况下生成的。默认使用的是 Midjourney V4 版本，V5.0 版本对用户输入的提示词已经有很强的理解能力。下图所示为设置了一些专业参数之后生成的透明手机。

以上练习只是让大家练练手。待学习完下一章，才能开启更高级的体验。下一章将带领大家正式入门。

Midjourney
入门

2.1 提示词（prompt）

随着 AI 技术的成熟和普及，一个新的职业诞生了，叫作"提示词工程师"。在 AI 生成工具中，一张图像的好坏，一个问题能否得到解决，结果是否直观，都取决于提示词，由此可见提示词的重要性。有人甚至把提示词称为 AI 生成工具的"灵魂"。这就是市面上 Midjourney 的相关教程不多，但 Midjourney 提示词的相关资料非常多的原因。

使用已有的提示词是一件非常容易的事情，这样可以生成类似的内容，作品效果也很棒，但如果需要生成特定的内容该怎么办呢？如果只会复制别人的提示词，那么便无法进行自己的创作。"授人以鱼，不如授人以渔"，本章着重介绍写提示词的思路和方法，读者学完本章，掌握了提示词的使用规则之后，就可以随心所欲地创作自己的作品了。

下图所示为指令框中提示词的构成：绿色部分是图片提示词，红色部分是文字提示词，蓝色部分是参数设置。

1.5 节试手练习的效果为什么不尽如人意呢？就是因为只使用了文字提示词，而且提示词过于简单，没有其他任何设置，尤其是参数设置。

2.1.1 提示词介绍

1 图片提示词

图片提示词一般不能用来单独生成图像，需要和文字提示词组合使用。

右图中的蛇是笔者多年之前绘制的一张项目角色设定图，笔者曾在网上发布过这张图片，找到之后就可以获取一个图片网址，网址以 .jpg、.png 等图片格式结尾。复制网址到指令框，在后面添加想要的效果描述提示词，按 Enter 键确认，Midjourney 即按照参考图生成图像。笔者添加的文字提示词是 "A red snake monster"，此后生成了 4 张红色的蛇怪图像，如下页图所示。可以看到背景氛围和蛇的姿势与参考图相比都有一定的相似性。

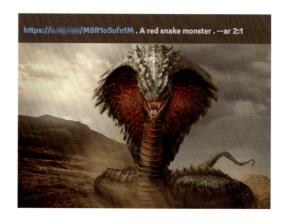

笔者做这个项目的时候如果有 Midjourney，可能就不需要画那么多张图了，直接用蛇的参考图片和气氛造型等提示词生成一张具有一定完成度的基础底图，之后再进行调整即可。生成图像时也可以同时引用多张图片参考作为图片提示词，在前一张参考图片的网址后面输入空格，即可输入另外一张图片的网址，这些图片将共同作用于最终生成的结果。

❷ 文字提示词

在 1.5.2 小节生成汉服女孩的提示词基础上适当丰富一下文字内容，看一看效果。例如，对服装、人物样貌的描述可以再清晰一些。提示词为"一位漂亮的中国古代姑娘，穿着带有刺绣的华丽汉服，汉服的材质是高档绸缎，姿态优雅。细节非常多，非常写实，电影级灯光"。英文就是"A beautiful ancient Chinese girl in a gorgeous embroidered Hanfu, made of fine satin, is dynamic and elegant. Very detailed, very realistic, cinematic lighting"。丰富提示词后生成的效果如下图所示，可以看到细节增多了，真实度比之前提高了很多，但"颜值"下降了，因为要求比较具体，所以很多缺陷就暴露了出来。

如上页图所示，文字提示词由两部分组成：绿色部分是对角色的外貌、动作或场景的结构、内容的描写；蓝色部分是对画面灯光、细节、风格、参考艺术家等内容的说明。这样的输入方式条理清晰，Midjourney 读取的时候能抓住重点。

❸ 参数设置

在 1.5.2 小节生成汉服女孩的提示词基础上加入参数设置，看一看效果。下图所示为添加了参数设置后生成的效果。虽然提示词只有 6 个单词，但"颜值"和细节感明显提升了，质感逼真。

在 Midjourney V4 版本出现之前，很多人生成的作品都没有细节。后来，有一位设计师在提示词中无意加入了"unreal engine"，结果作品的质量大幅度提升。因为"unreal engine"是制作游戏时使用的虚幻引擎，许多用虚幻引擎做出来的游戏都很写实，Midjourney 计算的时候就参考了使用虚幻引擎制作的游戏画质特点，让画面的质感得到了大幅度提升。

在了解了提示词的构成及用法之后，读者再去看那些优秀作品的提示词，就可以看出一些门道，知道具体是哪个关键词对画面产生了增效作用。读者可以有选择地把一些好的提示词应用到自己的作品生成中，做到学以致用。

2.1.2 提示词工具

1 提示词权重

当文字提示词中出现两个主体物，想突出其中的一个主体物时，就需要用到 Midjourney 的一个提示词功能：权重，表示方式是英文双冒号"::"。例如，下面左图中的提示词是"一个玩具箱"，英文是"A Toy box"，生成的图像中玩具和箱子都比较明显；当想加强玩具时，可以给玩具单词"Toy"加权重，英文是"A Toy:: box"，如中图所示，生成的是带方形元素的玩具图像，箱子已经没了踪影；当要加强箱子时，可以给箱子单词加权重，英文是"A Toy box::"，如右图所示，生成的图像中玩具就不太明显。

  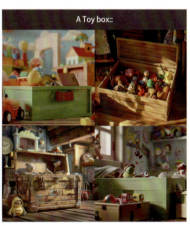

文字权重除了加双冒号"::"之外，还可以在冒号之后加数字，以标明要加强的提示词所占的比重。下面左图中的提示词是"一条龙和一个人类女孩"，龙和女孩占比相同，生成图像中的占比也类似。中图龙的权重是"::2"，所以龙占主体地位，很突出。而当把小女孩的权重加强为"girl::2"时，就会得到右图的结果：女孩占比明显，龙弱化。注意，权重的数值并非越大越好，当某个提示词权重太大，其他提示词主体物会消失，整体提示词就失去了作用。

双冒号"::"同样可以控制图片提示词权重。当有多张图片作为参考引入时，"::"可以控制每张参考图片对最终生成结果的影响。笔者把下面 3 张图像同时作为参考图片添加到提示词中，之后给它们添加不同的权重，看看生成的效果。文字提示词是"3D animation style, A dragon with a human girl"。

右图是 3 张参考图共同作用下的生成结果，默认情况下，它们的作用是同等的。文字提示词"A dragon with a human girl"中，龙和人类女孩是并列关系，权重相同，所以体现在画面中他们的比重也相同，3 张参考图的作用共同表现在龙和女孩的造型上。

右图是增加了参考图权重之后的生成结果，第 2 张参考图的比重最大，为"::4"，最终的生成结果从构图、龙的造型、颜色等角度来看，都更接近第 2 张参考图。

右图是增加了第 3 张参考图权重之后的生成结果，龙的造型不变，动作更加接近第 3 张参考图：一条绿色的龙从女孩背后绕到女孩前面。

通过提示词权重双冒号"::"，我们可以对有多个主体的文字提示词或者有多张参考图的图片提示词进行强弱调节，这样可以增强图片生成的可控性，让生成的图片更符合需求。

② 提示词列表

在文字提示词和参数中，使用大括号"{ }"可以同时并行执行多个不同提示词内容或不同参数的生成任务。大括号类似一个列表，Midjourney Bot 会将其中的指令同时执行。但不同的订阅套餐，有不同的任务并行上限，基本计划和标准计划订阅用户可以同时并行 3 个任务，专业计划和 Mega 计划订阅用户可以同时执行 12 个任务。

笔者要为一本儿童绘本进行插画绘制，里面有大量动物，常规方式是单独输入一个个提示词，再一个个生成，使用 AI 工具已经比手绘快了很多，但这样的操作还是很烦琐。这时就可以使用大括号进行任务并行，把需要的动物放入大括号中，提示词是"儿童插画风格的 { 马、羊、牛、猪、鸡、鸭……}"，省略号后面可以填任何想要的动物，英文提示词是"Children's illustration style {horse, sheep, cow, pig, chicken, duck... }"。将提示词输入指令框后按 Enter 键确认，会看到下图所示结果，询问是否确认执行这 6 个任务，单击"Show Prompts"按钮，展开图片下方的列表清单，这是列表中的动物对应的具体提示词，刚好是 6 个任务，单击"Yes"按钮，6 个任务同时开始生成。单击"Edit Template"按钮，可以编辑提示词和列表。

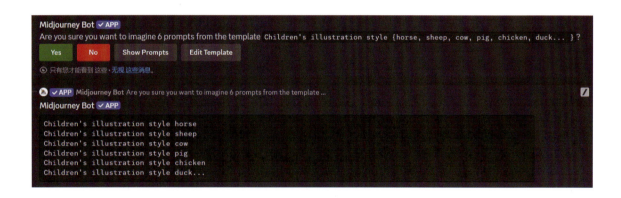

单击"Yes"按钮之后，Midjourney 一次性生成了下面这些可爱的小动物图像。

　　这些图像都是方形的，而绘本中有不同的长宽比构图，需要用到不同的画幅比例，调整画幅比例要用到一个比例参数 "--ar "，这个参数后面会详细讲解。"--ar "后面就是具体画幅比例，如绘本中马的插画需要宽画幅，画幅比可以是 "--ar 16:9"，马的插画完整提示词就是 "Children's illustration style horse. --ar 16:9 "。如果有竖画幅需求，就是竖画幅的比例，如 "--ar 3:5 "，提示词就是 "Children's illustration style···. --ar 3:5 "。可以一个个手动输入去生成，但依然比较费时。观察上面的提示词会发现，所有提示词中前面的风格描述 "Children's illustration style" 是不变的，变化的只有动物名称和后面的画幅比例，这一点类似编程中的变量，而这些变量都可以放入大括号中，用列表去同时执行。用列表重新组织之后的不同动物、不同画幅比例的提示词是 "Children's illustration style {horse, sheep, cow, pig, chicken, duck } --ar {16:9,3:5,1:2,3:2}"，比例和比例之间要用英文逗号分开。按 Enter 键确认之后看到下面的结果，询问是否进行 24 个任务（6 种动物，每种动物有 4 个不同比例），每个任务提示词如下图所示。

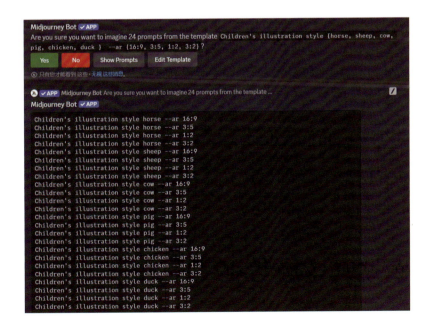

下图是同时生成的不同画幅比例的马的图片。

　　通过以上操作，很快就可以得到 24 组不同动物、不同画幅比例的图像，而且没有投入太多的时间，仅仅使用大括号输入了一次提示词，确认了一次任务生成而已。熟练掌握 Midjourney 的不同工具，对于提升生成效率会有非常大的帮助。

2.2 Midjourney 的各种参数设置

Midjourney 的用户操作界面没有醒目的工具栏和属性栏，所有操作都是通过调用各种指令和参数进行的，刚接触 Midjourney 的用户难免会无从下手。下面为大家逐个介绍 Midjourney 中主要参数的调用方法和作用。

2.2.1 版本（--version）

1 Midjourney version

Midjourney 的模型版本在 2023 年 12 月更新到了 V6.0，V6.0 版本与 V5.0 版本相比除了画质有所提升，最重要的是增强了提示词理解的准确性，用户可以输入更长的提示词，不会生成和提示词无关、莫名其妙的画面。同时，V6.0 版本可以在画面中生成文字（目前仅限于英文）。V6.0 版本的创意放大功能 Upscale（Creative）可以很好地解决生成人物图像时经常出现的面部和手指崩坏问题。

2024 年 7 月 31 日，经过大半年的迭代，Midjourney 推出了 V6.1 版本。官方的介绍是：①更连贯的图像（解决各种人体结构、动物和植物问题）；②更好的图像质量；③更精确、细致的小范围图像生成（比如远景的脸和手等）；④创意放大功能能够生成更多的细节、更好的纹理；⑤标准任务生成速度提升 25%左右；⑥更准确的文字生成；⑦新的个性化模式（personalization），改进了算法，提升了准确性；⑧调整质量参数 "--q" 的最大值为 2；⑨整体图像更加美观。但目前 V6.1 版本中还没有扩图和局部修改等功能，并且稳定性稍差。

V6.1 版本于发布当日成为 Midjourney 的默认模型。目前，Discord 社区版中可选择的 Midjourney 版本有 V1、V2、V3、V4、V5.0、V5.1、V5.2、V6.0 和 V6.1。由于版本太多，官方设置了一个下拉列表，把所有版本收纳在里面，如右图所示。在 Midjourney 网页版中，可选择的版本相同。

既然已经有 V6.0 和 V6.1 版本，为什么官方不直接去掉其他版本? 原因大概有三方面。其一，新版本拥有的新算法和技术需要时间来完善。旧版本经过长时间运行，已经证明了其稳定性和可靠性。因此，在新版本完全成熟之前，保留旧版本是一种可靠的备选方案。其二，不同的版本会生成不同风格的图像，一些用户可能更喜欢某个特定版本的输出风格。因此，保留旧版本可以满足这些用户的需求，让他们继续使用喜欢的版本。比如在一些创意内容的生成方面，笔者会使用 V5.0 系列，相对于 V6.0 的严谨，V5.0 系列更加天马行空、富有创意。其三，用户的反馈对于改进和发展非常重要。通过保留多个版本，开发团队可以从用户处获取更多的反馈，了解不同版本的优缺点，从而进一步优化未来的版本。

Midjourney V6.0 版本的功能提升包括：①能够更准确地理解文本提示词；②可以理解更长的文本提示词；③图像中可以生成简单的文本（仅限英文）；④改进了放大功能 Upscale (Subtle) 和 Upscale (Creative)；⑤改进了图像提示和混合功能。

使用 V6.0 版本需要调用对应的参数"--version 6"或"--v 6"，注意字母和数字之间一定要空一格，否则系统会报错，出现无法识别的结果。

下图所示为采用不同的 Midjourney 版本生成的 4 个朋克女机器人的图像。提示词都是"一个很酷的朋克女机器人"，英文提示词为"A cool punk female robot"。V4 、V5.0 和 V6.0 版本生成了质量、内容不同的图像，可以看到 V4 版本生成的图像有很多手绘、拼贴的痕迹， V5.0 版本生成的图像效果已经非常自然，质感也很真实，而 V6.0 版本对于提示词的理解更加准确，图像显示出机器人特征，而 V4 和 V5.0 的

生成结果只是人类女性穿戴了一些装备。

再对比一下 V5.0 和 V5.1 两个版本，可以发现在提示词完全相同的情况下， V5.1 版本生成的图像颜色更鲜艳一点， 手绘感更强（使用 RAW Mode 模式效果更明显）。此外，V5.1 版本的朋克装备稍显夸张，没有 V5.0 版本的合理。

再试试其他题材，看看 V5.0 和 V6.0 版本的区别。生成的两组图像如下图所示，上面两张图是用 V5.0 版本生成的，下面两张图是用 V6.0 版本生成的。使用的提示词是"客厅里安静的休息区，一把扶手椅"，英文提示词为"A quiet rest area in the livingroom, an armchair"。V5.0 版本生成的环境更干净整洁，更加静谧，而 V6.0 版本生成的环境更随意自然，更有生活气息。

本书的案例基本都用 V5.0 和 V6.0 版本操作，因为 V5.0 版本已经面市 1 年多，运行非常稳定，而 V6.0 版本在长文本的理解方面更准确。

❷ Niji version

Niji 是 Midjourney 中的一款偏向动画风格的模型，由 Midjourney 和 Spellbrush 共同开发。Spellbrush 是一款独立游戏和 AI 开发商。Niji 模型目前有 3 个版本：V4、V5 和 V6。它的调用方式是在提示词结尾添加"--niji 5"或"--niji 6"。Niji V4 版本主要用来生成动画和插图风格的图像，它擅长使用动态和动作镜头，以及以人物为中心进行构图。在提示词的结尾添加"--niji"即可调用 Niji V4 模型。除了可以在提示词的结尾使用参数进行调用外，还可以用类似于添加 Midjourney Bot 机器人的方式，添加一个 niji·journey Bot，这样就可以直接在 Niji 模型的模式下工作，而无须使用参数进行调用。

下页图所示为 Niji 模型使用相同的提示词"一个很酷的朋克女机器人"生成的图像。不需要在内容中注明需要哪种插画风格，就可以生成数字风格十足的插画。

Niji V5 、Niji V6 和 Niji V4 版本一样，专注于生成动画和插画风格的图像。V6 目前是 Niji 的最新版本。

Niji 是基于 Midjourney 的模型，所以 Niji V6 版本在优化提升方面也和 Midjourney V6.0 版本相同，同样能够更准确地理解文本提示词，在图像中生成少量的文本内容。对于二次元风格的图像生成，以及动漫类的概念设计生成来说，Niji V6 版本在画面方面有了非常大的突破：画面完成度更高，画面效果更统一。下图为使用 Niji V5 和 Niji V6 版本生成的两组图像，使用的提示词是"一位少年，控制着水元素"，英文提示词为"A young man controls the water element"。上面两张是 Niji V5 版本生成结果，下面两张是 Niji V6 版本生成结果。对比之下，可以很明显地看出画质的提升。

再举一个例子。提示词是"一位可爱的孔雀老师，正在讲台上讲课"，英文提示词为"A lovely peacock teacher is giving a lecture on the podium"，生成的两组图像如下图所示，上面两张是 Niji V5 版本生成的结果，下面两张是 Niji V6 版本生成的结果。Niji V5 版本生成的画面上色方式更扁平化，造型也偏低幼感，而 Niji V6 版本生成的画面更成熟，光影更自然。

Niji V5 和 V6 版本除了生成画面效果的区别，还有控制模式的区别。下图所示分别是选择 Niji V5 和 V6 版本之后的设置面板（设置面板通过"/settings"指令调出），对比设置面板可以看到，Niji V5 比 V6 版本多 5 个模式，分别是默认模式（Default Style）、表现力模式（Expressive Style）、可爱模式（Cute Style）、风景模式（Scenic Style），以及原始模式（Original Style）。

Niji V5 中的表现力模式生成的角色一般有丰富的表情，可爱模式生成的图像偏可爱风格，风景模式更擅长处理各种带场景的图像，原始模式使用的是 2023 年 5 月 26 日之前 Niji 的默认版本，而默认模式是 Niji V5 的默认设置。调用其他几种模式时，都要使用专门的指令，可爱模式用"--style cute"，表现力模式用"--style expressive"，风景模式用"--style scenic"，原始模式用"--style original"。

来看一看 Niji V5 不同模式在画面中的具体表现。先试试默认模式。本例的提示词是"蒸汽朋克，一个长着红色头发的女孩坐在一个巨大的机器人的肩膀上。 全身"，英文提示词为"Steampunk, a girl with long red hair sits on the shoulder of a huge robot. Full body. --ar 2:3 --niji 5 --v 6"。这里的"--niji 5 --v 6"意为在 Midjourney V6.0 版本中调用 Niji V5。另一种方式是直接在指令框中通过"/"调出 Niji 的图像生成指令"/imagine"进行生成，这样就不需要设定 Midjourney 的版本。下图所示为 Niji V5 在默认模式下生成的一组图像，有很强的立体光影，使用厚涂上色手法。

再试试表现力模式。英文提示词为"Steampunk, a girl with long red hair sits on the shoulder of a huge robot. Full body. --ar 2:3 --niji 5 --style expressive --v 6"。可以看出和默认模式的提示词相比，多了一个"--style expressive"参数。下页图所示为 Niji V5 在表现力模式下生成的一组图像，和默认模式相比，区别是非常大的，在画面风格、角色动作方面都有较强的表现力，但是背景是比较简单的单色背景。

下图所示为 Niji V5 在可爱模式下生成的一组图像。其他提示词相同，唯一区别是把 "--style expressive" 换成 "--style cute"。可爱模式下生成的图像风格更加扁平化，造型更加可爱，背景同样很简洁。

下图所示为 Niji V5 在风景模式下生成的一组图像。可以看出光影和细节与其他模式相比更丰富。在没有标注背景内容的情况下，风景模式会自动添加背景以丰富画面，让画面更完整。

下图所示为 Niji V5 在原始模式下生成的一组图像。与默认模式相比，光影体积感更弱，造型偏二次元风格。

下面是 Niji V5 版本在 3 种不同模式下生成的 3 张大图，依次为表现力模式、可爱模式和风景模式。通过大图，大家可以更直观地看到不同模式的区别。

2.2.2 比例（--aspect）

比例（aspect ratios）是指画面的宽高比。在 Midjourney 中，默认的画面宽高比为 1 ∶ 1。如何才能获得竖版画幅或者电影般的横版画幅呢？这就需要调用比例参数。调用参数的语法是 "--aspect" 或 "--ar"。V4 版本支持的最大比例为 1 ∶ 2 或 2 ∶ 1，V5.0、V6.0 版本任何比例都支持。设置比例时必须用整数。例如，宽荧幕电影的画面比例是 2.35 ∶ 1，设置时不能直接写为 2.35 ∶ 1，而要写为 3 ∶ 1 或 2 ∶ 1。

使用什么比例可以根据个人的喜好决定。但一般情况下，人像多用竖版画幅，自然风景多用横版画幅。画幅选择主要取决于生成物体的造型是偏高还是偏宽。

笔者打算生成一张未来感博物馆的图像，博物馆和高楼不一样，它是偏宽的，所以采用横版画幅，让画面具有电影感。画面比例为 3 ∶ 1。英文提示词为 "A very futuristic science museum. Setting sun.Style by Zaha Hadid. --ar 3:1 --v 5"。生成结果如下图所示。提示词中的 Zaha Hadid（扎哈·哈迪德）是一位著名建筑师，她的建筑风格简约且有未来感。（关于风格，2.5 节会详细介绍。）

再来生成一个外星人看看。英文提示词为 "A cool alien. Full body. --ar 5:7 --v 5"。生成结果如下图所示。如果采用横版画幅，要么外星人占比会非常小，要么只能生成半身像。

2.2.3 图像权重（--iw）

图像权重在 Midjourney 中是指一张参考图片对生成图像的影响程度，由参数"--iw"来控制。关于图像权重的数值范围，不同模型版本各不相同，Midjourney V6.0 和 Niji V6 是 0 ~ 3，Midjourney V5.0 和 Niji V5 是 0 ~ 2，默认值是 1。如果你希望图像提示词对生成结果有更大的影响，可以增加 --iw 的值，如"--iw 2"。如果你希望图像提示词对生成结果的影响较小，可以减小 --iw 的值，如"--iw 0.1"。这里需要注意，字母后面一定要空一格再写数字，否则参数无法被系统识别。

下图是只用文字提示词生成的一组图像，文字提示词内容为"一个长得像蘑菇一样的可爱毛绒娃娃玩具。站立姿势"，英文提示词为"A cute stuffed doll that looks like a mushroom. Standing posture"。

但上图的效果不是笔者想要的，笔者想要一款类似下图小女孩形象的蘑菇造型毛绒玩具，但又不想写小女孩外观描述的文字提示词，这时就可以使用图像提示词生成。复制这张参考图的图片网址作为图片提示词。（在 2.9.2 小节，会专门讲解图片网址的不同获取方式。）

图片提示词和文字提示词的最终组合如下图所示。结尾处的"--iw 0.2"是指这张参考图片对最终生成结果的影响权重是 0.2，影响较小。

https://▇▇▇▇▇/5lk3gilz-JI A cute stuffed doll that looks like a mushroom. Standing posture. --iw 0.2

　　下面是生成结果，可以看到和小女孩造型关系不大。直接不写图片权重参数，让 Midjourney 按默认值 1 生成（按默认值生成时提示词中不出现"--iw"参数）。

　　下面是图片权重为默认值 1 的生成结果，有了一些小女孩的特征，但和参考图还是相差很多。把权重值加到最大值 3："--iw 3"。

　　下面是图片权重为 3 的生成结果，可以看出已经和参考图片很接近了，小裙子、麻花辫等元素都有所体现。

　　图像权重在有图像提示词的生成中，有非常大的作用。如果没能掌握它的用法，只是使用默认值，生成结果始终会和参考图片相差很多。

2.2.4 质量（--quality）

质量，即生成图像的画面细节和品质。

Midjourney 的默认质量参数是 1，参数取值范围是 0.25 ～ 1（0.25 的偶数倍）。质量参数的大小影响生成图像所花费的时间。参数越小，生成图像的时间越短，质量也越低。想获得更高的质量，就要耗费更多生成时间。质量参数的大小和生成图像的尺寸没有关系，不同的质量参数最终生成的图像尺寸是相同的。质量参数的调用方式是在参数位置输入"--quality"或"--q"。在 Midjourney 中使用纯小数时，不输入小数点前面的 0。例如，质量参数为 0.25 输入"--q .25"。需要注意的是，字母后面要空一格再输入小数点或数字，否则无法被系统识别。

更高的质量意味着耗费更多的时间，而就算是标准订阅或专业订阅用户也有使用时长限制。所以如果有大量的使用需求，就需要合理使用质量参数。例如，用低质量参数快速生成图像，以检查提示词内容是否合理。当图像接近自己想要的内容后，再用高质量参数去生成。

如下图所示，分别用质量参数 0.25、0.5 和 1 生成 3 组小橘猫的图像。参数为 0.25 时，图像生成得非常快，质量也是最差的；参数为 0.5 和 1 时，生成的两组图像中猫本身的细节差别不是很明显，但后者的整体细节更丰富，包括光影、环境、造型等。可以看到图像的风格非常相似，只是在质量上有些差别。使用不同大小的质量参数生成的速度差别在几秒到十几秒之间。

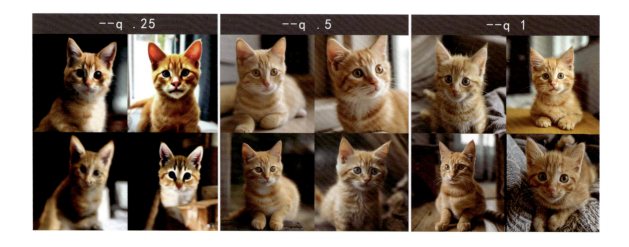

2.2.5 风格化（--stylize）

风格化指的不是艺术家的作品风格，而是对生成图像的艺术化处理。Midjourney 模型通过大量数据训练，可以生成更有艺术感的图像，风格化参数值影响此训练的强度。较低的参数值生成的图像与提示词更匹配，但艺术性较差；较高的参数值生成的图像更有艺术性，但与提示词的关联性较弱。通俗来讲，就是"低风格化参数值听话，高风格化参数值有主见"。风格化参数的默认值是 100，Midjourney V5.0 和 V6.0 版本的参数取值范围是 0 ~ 1000。风格化参数的调用方式是在参数位置输入"--stylize"或"--s"。

下面以一个彩色小猫为例进行说明。如下图所示，使用 V5.0 版本生成的 3 组图像的风格化参数依次是 0、500、1000，质量参数都是 1，它们之间的差别非常大。可以明显看出，参数越小，越有卡通感，参数越大，则彩色越少，画面越写实。使用的提示词是"A cute little colorful cat. --s……"，因为没有写明想要哪种风格，如照片、水墨、卡通等，所以模型的自由发挥空间很大。

输入提示词的时候，最好注明想要哪种风格，这样 Midjourney 计算的时候就不用猜想。下图使用的提示词是"A cute colorful cat, real photo. --s……"，特意注明是真实照片，生成的图像效果偏差就不会太大。这次设置的风格化参数依次是 0、100 和 500。参数为 0 时，猫身上的彩色最明显，当参数达到 500 时，彩色已减少了很多，光影、毛发更逼真，增添了许多生活痕迹，如杂乱的毛发、身上的污渍等。

2.2.6 种子（--seed）

在 Midjourney 中生成的每一张图片都拥有一个种子编号。为了使前后生成的图像相似或有所关联，需要调用相同的种子编号，可以使用"--seed"或"--same seed"参数来调用。为了使图像尽量相似，除了种子编号应相同外，提示词内容也必须类似。

获取与使用种子编号的方式

第 1 步： 随意生成一组图像，如右图（左）所示，笔者生成了一组黑色的时尚硬壳背包图像，所用的提示词会在第 3 章讲解。

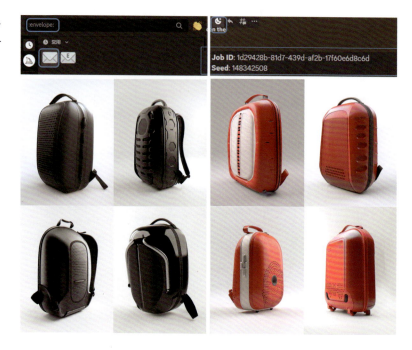

第 2 步： 进入生成图像界面，在界面顶部可以看到 4 个操作按钮，单击第一个表情按钮，然后单击信封按钮或者在搜索栏中输入"envelope"。

第 3 步： 等待数秒，界面最左侧会弹出一个红色数字信件提示消息，单击即可获得两行字符串，如上图（右）所示。第一行 Job ID 是这幅图像的 ID，类似于身份证号码。每幅图像都有一个 ID，可以用来查看和共享图片；第二行 Seed 即种子编号。

第 4 步： 使用种子编号。在指令框中输入生成黑色背包的提示词。文字提示词只能适当修改，改动越大，区别就越大。笔者只把颜色改为了红色，并在结尾的参数位置加上获取到的种子编号"--seed 148342508"。生成的红色背包虽然造型和黑色背包不完全相同，但比较相近。

种子参数很实用。Midjourney 每次生成的图像都是不同的，当出现自己想要的图像效果时，如果只想修改其中的某些元素，就可以用种子参数调用意向图进行修改。

2.2.7 无缝图案（--tile）

无缝图案对于非设计行业从业者来说可能比较陌生，它是指当图案无限重复时，图案四周会组合在一起，形成一个整体，并且没有任何缝隙。

无缝图案常用于服饰、墙布、瓷砖、窗帘、贴纸等的设计中。此外，在3D制作中，无缝图案也是纹理贴图的必要素材。无缝图案的调用方式是在参数位置输入"--tile"，目前V4版本不支持这个参数，V1、V2、V3、V5.0、V6.0版本都支持。无缝图案必须使用正方形比例（默认比例）才能获得最佳效果。

笔者想用一个重复的小猫咪花纹做贴纸图案。在指令框中输入提示词"cute cats --tile --v 5"，按Enter键确认，一堆可爱的小猫咪立刻出现在眼前，如下图所示。

2.2.8 没有（--no）

"--no"参数的作用类似反向提示词，生成图像时，如果不想让一些元素或颜色出现在结果中，就可以使用"--no"参数。比如不想让画面中出现红色，就用"--no red"作为提示词。当不想出现的元素有多个时，就用逗号分开，如不出现红色、蓝色、白色，参数提示词就是"--no red, blue, white"。

右图生成的内容是一个水果蛋糕，提示词是"一个漂亮的水果蛋糕"，英文提示词是"A beautiful fruitcake"，是一组看起来很美味的蛋糕图像。

如果不想让葡萄出现在水果蛋糕的图像中，一般情况下大家会直接在文字提示词中写"没有葡萄"或"不添加葡萄"，完整的英文提示词是"A beautiful fruitcake. No grapes"。但如右图所示，生成的结果中葡萄依然很多。这就涉及 Midjourney 文字提示词的一个特点，只要是出现在提示词中的元素，它都会进行计算生成。你虽然写的是不要葡萄，它反而会着重生成葡萄。所以英语中的否定提示词，如 no、without、don't 等，直接放在文字提示词中是没有作用的。

再使用"--no"参数进行生成看看效果，英文提示词是"A beautiful fruitcake. --no grapes"生成结果如右图所示，这次葡萄已经不见踪影，取而代之的是蜜枣和各类果干。这便是"--no"参数的使用方式和作用。

2.2.9 原始风格（--style raw）

原始风格，即未经艺术加工的风格。懂摄影的读者一定对 Raw 格式的文件不陌生，摄影中的 Raw 格式是一种未压缩、无损的图像文件格式。Raw 格式文件直接记录相机传感器捕捉到的原始数据，不进行色彩平衡、曝光调整等处理。Midjourney 中的"--style raw"参数也保持了生成的原始风格，最大限度地接近提示词描述，对于生成的图像进行极少的自动化处理。这个参数适合对于提示词生成效果有很强可控性要求的用户。

如下图所示，左侧的一组是未添加"--style raw"参数的生成结果，右侧是添加之后的生成结果。提示词内容是"一个手绘的 LOGO 设计，一个公牛头"。右侧的英文提示词是"A hand-drawn LOGO design, a bull's head. --style raw"。对比之下，可以明显看出，左侧图像添加了很多的艺术化处理，而右侧是原始的手绘效果。

此外，也有人说添加"--style raw"参数可以创建更逼真的图像、电影场景或更可爱的角色。由于 Midjourney V6.0 版本语义理解能力和画质效果的提升，是否添加"--style raw"参数，区别不会太大。

"--style raw"参数的调用方式有两种，一种是直接在文字提示词之后输入，另一种是通过"/settings"（设置）指令，在设置面板中开启。

2.2.10 角色参考（--cref）

角色参考，即角色生成中的造型参考。cref 是 character references 的缩写，使用"--cref"参数，在输入文字提示词时可以将一张图片作为参考，使角色在不同的生成画面中尽可能保持特征的一致性。如果这张参考图片是使用 Midjourney 生成的，角色一致性的保持效果最好。另外，"--cref"参数用于真实人物照片会产生扭曲，应用于动漫角色才能产生好的效果。"--cref"参数的调用方式和其他参数一样，在参数位置输入即可，但要在"--cref"后面添加参考图网址，与图片提示词的格式要求相同，只支持 JPG 和 PNG 格式。

右图所示为笔者生成的一张古代女子图像。她的特征是束起的白色长发、红色的发带和红色眼影。如果想把这个角色放入不同的环境中，用常规的生成方式需要把她的各种特征在提示词中详细描述，而使用"--cref"参数，生成过程就变得简单了很多。

下面尝试生成一张图片，内容是让角色拿着一把剑，站在树林中。提示词是"插画风格。一位女孩，站在树林中，手里拿着一把剑"，按照之前获取图片网址的方式，复制图片网址，添加到指令中。完整的英文提示词是"Illustration style. A girl, standing in the woods, with a sword in her hand. --cref https:……"。下页图为生成结果，虽然提示词中没有角色的任何造型特征，但可以看出最终的生成结果很好地保持了角色特点。

2.2.3 小节讲的图像权重参数"--iw"可以控制图像提示词在画面生成过程中的影响程度，同样，角色参考参数"--cref"也有一个参数可以控制角色参考图对最终生成角色的影响，这个参数是"--cw"，character weight 的首字母缩写。它的取值范围是 0 ～ 100，默认值为 100。当参数值为 0 时，生成过程中角色一致性集中在角色的面部，当参数值增大时，发型、服饰等才会进入一致性控制范围。

下页图所示是"--cw"参数为 0、50、100 时生成的不同图像，英文提示词是"Illustration style. A girl, standing in the woods, with a sword in her hand. --cref https:…… --cw…… "。可以看出参数值为 0 时，有

些图片中角色的头发为灰黑色，发型也和参考图有一些出入；当参数值为 50 时，角色和参考造型一致性提高，红色头带和红色眼影已出现；当参数值达到 100 时，角色特征和参考图的一致性达到最高。

"--cref" 参数是一个有效保持角色一致性的参数，可在 Midjourney 生成过程中增加角色造型生成的可控性。在角色设计的过程中，能够发挥很大的作用。

2.2.11 风格参考（--sref）

1 风格参考（style reference）

风格参考，即通过一张或多张参考图片，控制生成图像的风格。其作用类似于风格迁移，把参考图的风格迁移到生成的图像上，调用参数的语法是"--sref"，sref 是 style reference 的缩写。这里的风格是指图像的艺术风格，如国画、油画、素描、草图等，也包括色彩风格、造型风格等。

左图是笔者生成的一幅国画风格的摩托车图像。

笔者还想要生成一架客机，也是国画风格，常规的提示词写法是"一架客机，中国水墨画风格"，有了"--sref"参数，可以简写为"一架客机。--sref https:……"，英文提示词为"A passenger plane. --sref https:……"。"https:……"是风格参考图片网址，生成的效果如下图所示。虽然提示词中没有出现"水墨画风格"，但摩托车的风格很好地被迁移到了客机的图像上。

　　风格参考参数"--sref"的权重控制参数是"--sw"。"--sw"的参数取值范围是 0 ~ 1000，默认值为 100。下图是使用了相同的提示词和风格参考图片，在不同大小的"--sw"参数控制下生成的一组图像。当数值为 0 时，生成效果类似于关闭风格参考参数"--sref"；当数值为 100 时，风格已得到完全迁移；当数值大于 100 时，构图等方面也会倾向于参考图片。

"--sref"参数的参考图片也可以同时添加多张。使用方式是将不同图片网址一个个地放置在参数后面，如"--sref 图片1网址 图片2网址 图片3网址……"。如果希望某张图片的影响更大，就可以使用文字提示词权重"::"去设置，如增加图片1的影响，提示词为"--sref 图片1网址 ::2 图片2网址 ::1 图片3网址 ::1"。下面是使用了两张参考图片的生成结果。图片1是国画风格的摩托车，要让最终生成的图像更有国画感，就加大图片1权重，最终的提示词描述如下图（右）所示。这样的组合使生成的图像既有图片1的国画风格，又有图片2红色的倾向。

图片1地址

图片2地址

A passenger plane. --sref 图片1地址::2 图片2地址::1

❷ 随机风格参考（random style reference）

如果想获得一些出乎意料的风格，可以使用随机风格参考参数"--sref random"。使用方式与"--sref"相同，只是把图片网址换成单词random（随机）。继续用客机做示例，英文提示词是"A passenger plane. --sref random"。输入指令框，按Enter键确认之后，"--sref"参数后面的"random"就会变成一串数字，如下页图所示，因为是随机的，所以每次得到的数字串都不相同，最终生成的图像风格也都不同。笔者生成了3次，得到了3串不同的数字和3组不同风格，这3串数字就是它们的风格参考。我们可以使用这串数字生成相同风格的图像，比如左侧图的"--sref 1379355715"是一种很强的金属高反射、高反差摄影风格，右侧的"--sref 560001290"是一种带有手绘感的湖蓝色调风格。下面把"客机"替换为"超级跑车"，看看这两串数字生成的效果。

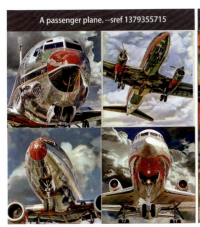
A passenger plane. --sref 1379355715

A passenger plane. --sref 600774644

A passenger plane. --sref 560001290

第一个英文提示词是"A supercar. --sref 1379355715"。右图是生成的超级跑车图像，可以看到和上图左侧组图一样的风格：强烈的金属反射、高反差摄影风格。风格参考的权重参数"--sw"可以与数字串风格参考搭配使用，如"A supercar. --sref 1379355715 --sw 500"。

第二个英文提示词是"A supercar. --sref 560001290"，生成的图像色调一致，和前面的图像风格保持了很好的一致性，如右图所示。

不同数字串代表不同的风格，这是风格参考参数的一种独特的使用方式。用户可以把风格数字串分享给其他用户，大家就能很快捷地生成统一的画面风格。

2.2.12 混乱（--chaos）

混乱参数"--chaos"的作用是改变生成结果的变化程度。更高的参数值会产生更多不同寻常和意想不到的结果，增加生成结果的随机性，低参数值则有更强的可控性。"--chaos"参数的取值范围是0 ~ 100，默认值是0。调用方式是"--chaos"或"--c"。

下图是使用不同的混乱参数值生成的一组未来城市图像，提示词是"未来城市。科技感"，英文提示词是"A city of the future. Sense of technology. --c…… "。"--chaos"参数值分别为0、50、100。可以看出当数值为0时，生成结果确实是未来城市，且具有科技感，和提示词内容相符。但当数值为50时，生成结果已脱离提示词内容，出现了现代城市，以及魔幻的水晶城。当数值增加到100时，生成结果已完全与提示词无关，而是着火的大楼、透过玻璃窗看到的迪拜哈利法塔、鸟瞰的城镇。

"--chaos"参数可以生成一些意想不到的结果，但数值太大时生成的结果完全不可控。所以笔者建议，一般情况下不调整"--chaos"参数的值，采用默认值0即可，如果要使用，取值范围也要控制在0 ~ 30，这样生成结果既有变化，又在提示词描述的范围内。

2.2.13 个性化（--p）

个性化参数"--p"，全称"personalization"，使用这个参数，可让生成的图像更符合个人喜好，更个性化。个性化参数的使用方式是在提示词后面加"--p"或"--personalize"。使用个性化参数之前，用户需要做一个关于图像效果个人喜好的数据收集。在 Midjourney 网页版中的"Tasks"功能页面下进行图像评选，即"Rank images"，如下页图所示，用户需要通过鼠标对展示的两张图片进行选择，或者使用键盘上的数字键"1""2"进行选择，挑选出自己喜欢的一张。当用户挑选的图片数量足够多，Midjourney 就会记录用户在图像效果方面的个人偏好。如果没有进行图像评选，没有个人偏好的数据记录，个性化参数"--p"也就无法使用。

下图使用的提示词是"一只小狗，在草丛中"，英文提示词是"A little dog, in the grass"。左侧的一组图是未使用"--p"参数的生成效果，右侧是添加了参数的生成效果，可以明显看出左侧一组更写实，而右侧一组偏绘画风格。这就是"--p"参数的独特作用，不需要描述风格，就能自动生成符合用户偏好的画面效果。

输入"--p"参数时，只需要添加在提示词末尾即可，如上页图所示，"--p"参数后面的"sud7d2n"代码是 Midjourney 结合笔者近期的图像评选过程为笔者定制生成的个性化参数代码。代码是自动生成的，每位用户的"--p"参数代码都不相同。如果你之后又做了大量的图像评选，并且和此前的选择完全不同，你的"--p"参数代码也会发生变化。如之前的个性化参数代码是"sud7d2n"，新的代码是"ru89d1n"，想把两者结合起来，可以写作"--p sud7d2n ru89d1n"。如果想加强之前代码的权重，则可以像加强文字提示词权重的方法一样，添加代码权重，如"--p sud7d2n::2 ru89d1n::1"。

2.2.14 其他参数

除了以上参数，Midjourney 中还有很多其他参数，如"--repeat""--weird""--video""--stop"等。下面逐一进行介绍。

--repeat：重复参数，可以简写为"--r"，参数后面的数字代表同一个任务同时开始多少次生成。如"A city. --r 4"，表示同时进行 4 次城市任务的生成。

--weird：怪异参数，添加这个参数后，会生成一些不同寻常的图像，参数取值范围是 0 ~ 3000。类似"--chaos"参数，但比它更夸张。"--weird"是一个实验性参数，随时有被去掉或者调整的可能。

--video：在需要展示生成过程的时候使用这个参数，它可以把图像生成的过程录制为视频。

--stop：这个参数可以让图像生成过程进行到一半时停止，这样获得的就是完成了一半的图像，生成效果会比较模糊。

这些参数基本很少用到，这里就不一一进行具体讲解了。

Midjourney 参数总结

参数	名称	作用
--V	version（版本）	Midjourney、Niji 的不同版本切换参数。如"--v6""--niji5"
--ar	aspect ratios（比例）	生成图像的宽高比例。如"--ar 2:1"
--iw	image weight（图像权重）	参考图片对生成图像的影响程度。默认值为 1。权重越大，越接近参考图片。如 --iw 1.5
--q	quality（质量）	生成图片质量，取值：0.25、0.5、1，数值越大，耗时越长。如"--q .25"
--s	stylize（风格化）	艺术性权重，取值范围：0 ~ 1000，数值越大，生成图像的艺术性越强，但越脱离提示词。如"--s 10"
--seed	seed（种子）	使用相同的种子编号和提示词，可以生成类似的图像
--tile	tile（无缝图案）	生成可以无缝衔接的重复图案。如"--tile"
--no	no（反向提示词）	不需要生成图像中出现的内容，可以写在这个参数后面。如"--no tree"（生成图像中不需要树）
--style raw	style raw（原始风格）	Midjourney 中这个参数可以生成更原始的图像，自动美化的程度会降低。在 Niji 中这个参数可以设置三种风格：cute、expressive、scenic。如"--style cute"
--cref	character references（角色参考）	使用图片网址，可以作为角色生成的造型参考。如"-cref http:……"
--cw	character weight（角色权重）	取值范围：0 ~ 100，配合"--cref"参数使用，可以控制角色参考图对生成图像的影响程度。如"--cw 30"
--sref	style reference（风格参考）	使用图片网址，可以作为生成内容的风格参考。如"--sref http:……"
--sw	style weight（风格权重）	取值范围：0 ~ 1000，配合"--sref"参数使用，可以控制风格参考图对生成图像的影响程度。如"--sw 500"
--chaos	chaos（混乱）	改变结果的变化程度，取值范围：0 ~ 100。更大的值会产生更多不同寻常和意想不到的生成结果。如"--c 25"
--p	personalization（个性化）	使用这个参数生成的图像更符合个人喜好，更个性化。如"--p swu2r"

2.3 Midjourney 的各种指令工具

在指令框中输入"/",可以调出不同的指令，右图中带"/"的就是指令。指令分为 Midjourney Bot 指令和内置指令两种，内置指令一般不使用。在 Midjourney Bot 指令中，常用指令有"/imagine""/shorten""/blend""/describe""/tune""/prefer remix""/info""/stealth""/subscribe""/show"等。

下面重点介绍"/blend""/describe""/shorten""/tune""/prefer remix"和"/settings"这几个指令。

2.3.1 /blend

"/blend"指令可以将用户上传的 2～5 张参考图片融合成一个新的图像。指令的参数设置中只有尺寸可选择，生成时多张图片自动混合，不需要输入其他提示词。如下图所示，笔者上传了两张图片：异齿龙和山林场景。

右图所示为调用"/blend"指令生成的 4 张新图像。该指令把异齿龙放在了山林场景中，并且统一了光源。读者可以尝试把生成的角色和场景图像混合在一起，也可以尝试混合两种不同的动物图像，也许会有意外的收获。

2.3.2 /describe

调用"/describe"指令并上传一张图片后，会获得 4 个针对上传图片的文本提示。也就是说，该指令可以概括出生成这张图片所需的关键提示词，对于概括能力欠缺的用户来说是一个非常有用的指令。看到一张非常优秀的生成作品时，如果不知道生成该作品使用了哪些提示词，"/describe"指令就可以派上用场。该指令是 Midjourney 新添加的指令，有些提示词概括得不是很准确，功能依然在测试完善中。

如下图所示，笔者在指令框中使用"/describe"指令上传了一张角色表情图，得到了 4 条对图片的描述，右侧是对应的机器翻译结果。

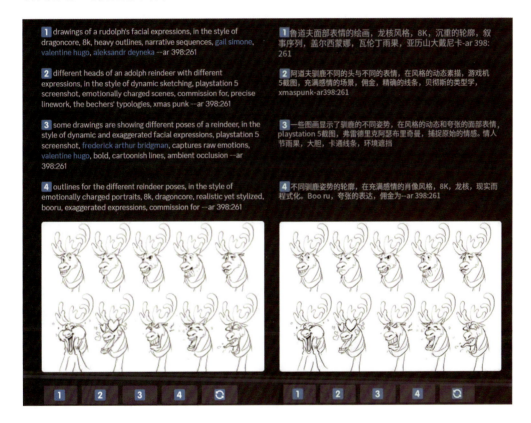

可以看到，"/describe"指令对提示词的概括非常全面。它不仅总结出了画面的内容，还给出了相应的风格，以及与风格相对应的画家名称。图片下方有 4 个数字按钮，单击即可根据数字对应的提示词生成一组新的图像，省去了输入提示词的步骤。单击右侧的刷新按钮，可以重新生成 4 条不同的提示词。

单击图像下方的数字按钮"4"，生成了下页图所示的一组图像。虽然动物表情不够丰富，但画面完成度提高了许多，多刷新几次应该会得到更好的效果。

使用"/describe"指令提炼出提示词,不是为了生成和原作品一模一样的图像,而是为了利用获得的核心提示词生成属于自己的图像。例如,笔者想生成一组可爱小女孩的表情,只需要利用前面获得的第 1 条提示词"drawings of a rudolph's facial expressions, in the style of dragoncore, 8k, heavy outlines, narrative sequences, gail simone, valentine hugo, aleksandr deyneka --ar 398:261",把其中的"rudolph's"(rudolph 是一头鹿的名字)替换为"cute little girl's",加上版本号"--v 5"即可。下图所示为生成结果。

对于动画制作者来说，这是非常实用的一种表情绘制方式。各种角色的表情都可以结合角色对应的外观描述，先用这种方式生成，再把表情替换到具体角色上。

下图所示为用这种方式生成的一组小女孩表情图。在统一造型的同时，还展示了比较丰富的表情，整体质量是很高的。

生成表情包的方法与生成动画表情类似，只需要把参考图片上传，调用"/describe"指令，之后替换提示词中的生成对象，即可拥有一套属于自己的表情包。

"/describe"指令可以较好地提取提示词，但其最佳使用方式是以下两种：一是替换生成对象；二是提取参考图片的提示词后，选择其中最合适的提示词并进行适当润色、修改后，结合使用"/imagine"指令和参考图片的网址重新生成图像，而不是直接单击图像下方的数字按钮，这样生成的图像会更符合要求。

2.3.3 /shorten

"/shorten" 指令的作用是对长提示词进行精简。虽然现在 Midjourney 的语义理解能力已经准确了很多，并且可以解读长文本提示词，但它依然不能做到同人类一样完全领悟，尤其是口语化的长文本。如果提示词中含有很多形容词或副词，它会侧重于名词、动词等核心词汇。有些用户长篇大论地写提示词，生成的效果却不理想，并且不会对提示词进行精简，这时就需要用到 "/shorten" 指令。"/shorten" 指令的作用有点像缩句，缩句的核心是去除句子中的修饰成分，保留句子主干，即主语、谓语和宾语，确保句子意思不变，"/shorten" 便起到类似的作用——去除修饰词，保留核心词。

上一小节笔者提交下图后，使用 "/describe" 指令得到的第二条图片描述是："different heads of an adolph reindeer with different expressions, in the style of dynamic sketching, playstation 5 screenshot, emotionally charged scenes, commission for, precise linework, the bechers' typologies, xmas punk --ar 398:261"，翻译过来是 "不同表情的阿道夫驯鹿的不同头，动态草图风格，PlayStation 5 截图，充满感情的场景，委托，精确的线条，贝彻的类型，圣诞朋克 --ar 398:261"，这个描述虽然是 Midjourney 的指令反推出的结果，但 "委托" "贝彻的类型" "圣诞朋克"，笔者没有理解和鹿的表情画面有什么直接关系（"Becher's Typologies" 指的是德国摄影师 Bernhard Becher 及其妻子 Hilla Becher 所创立的一种摄影类型学，这种类型学方法主要关注工业建筑和其他人造结构的摄影记录，尤其是那些具有历史意义或面临消失的工业建筑。"Xmas Punk" 通常指的是与圣诞节相关的朋克文化或音乐。这种风格结合了朋克的叛逆精神和圣诞节的节日气氛，创造出独特的音乐和视觉作品）。分析画面的主要内容，应该是 "Rudolph 鹿的不同表情，线稿风格"，相对于这个总结，"/describe" 的画面 "解读" 明显冗长了很多。

"/shorten"指令的使用方式和"/imagine"指令相同，使用"/"调出"shorten"，然后把需要精简的提示词输入到指令后面，按 Enter 键确认即可。如下图所示，笔者使用"/shorten"指令对上面的描述进行了精简，得到了 5 条新的提示词，右侧图片是翻译软件的翻译。从 1 到 5，精简程度逐步增加，提示词越来越少。

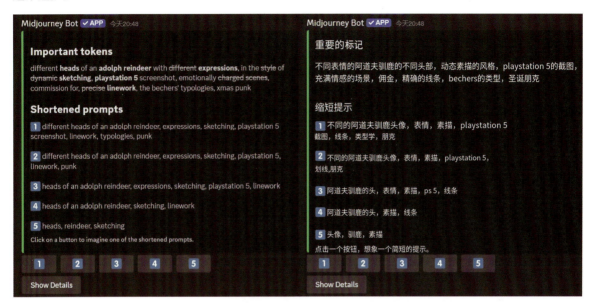

第 3、4 条提示词和笔者总结的类似，单击下方对应的按钮，就可以生成提示词所描述的内容。但提示词依然不是很准确，第 3 条中的"playstation 5"，容易让 Midjourney 产生生成游戏机"Play Station 5"的误解，第 4 条连最核心的"表情"也丢失了。我们对第 3 条做少量调整，最终得到的提示词为"阿道夫驯鹿的头，表情，线条风格"，英文是"heads of an adolph reindeer, expressions, line styles"。用这段调整后的提示词生成得到右图，生成结果比直接用"/describe"指令提取的提示词生成的效果更准确，因此提示词并非越多越好，关键要言简意赅。

在"/shorten"指令精简结果的图中,最下方有一个"Show Details"按钮,单击后得到下图。这张图展示了"/shorten"指令进行精简的逻辑,提示词中每个单词后面的括号中都有一个数字,代表每个单词在生成任务中的权重。如最关键的驯鹿"reindeer"的权重值是1.00,其他词的权重值都小于1.00,风格提示词"sketching"和"linework"分别是0.17和0.10,表情"expressions"是0.06,而其他大部分无关紧要的词权重值都是0。

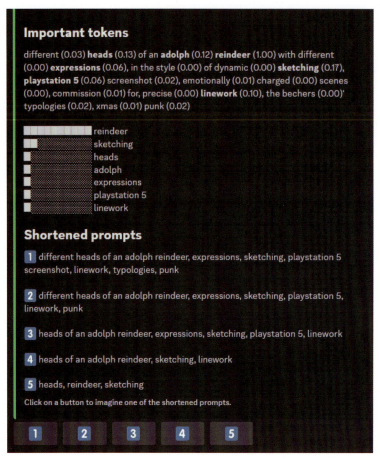

"/shorten"是一个可以很好地提取核心提示词的指令,但是当我们有大量生成任务的时候,如果每个都需要使用"/shorten"指令,还要判断精简结果哪条更准确,无疑会浪费很多时间,所以提高提示词的编写能力,才是高效生成优质图像的关键。

2.3.4 /tune

"/tune"，即个性化风格定制指令。每种风格有其大类型，比如国画是一个大类型，但在国画类型中，不同的画家又有自己的风格，并且很多画家风格的辨识度非常高。例如齐白石、吴冠中、石鲁这几位中国现代画家的杰出代表，他们的作品风格醒目、特点突出。又如娱乐业的概念设计中，每位设计师的设计风格也是千变万化：扁平风格、厚涂风格、写实、卡通等，不一而足。而使用"/tune"指令，可以在提示词的大类型基础上生成不同的视觉风格，每个视觉风格都由一串独特的代码表示，这串代码可以为Midjourney的用户提供个性化的图像外观。

目前"/tune"指令只和Midjourney V5.2版本兼容，V6.0版本目前还不支持。另外，"/tune"指令只能在快速模式（Fast Mode）下运行，使用方式和"/imagine"指令相同，同样是在"/"后输入单词"tune"，然后在后面输入生成内容的提示词。例如"一条可爱的龙，色彩鲜艳"，英文提示词为"A lovely dragon, bright colors"，按Enter键之后跳出下图提示，询问是否创建"style tuner"（风格调谐器）。其中Prompt下一行的"Style Directions：32"，是指可以同时生成32对风格方向，32是默认数值，下面的下拉列表中可以选择的对数有16、32、64、128。"Approximate Cost: 0.3 fast hours GPU credits"的意思是32对风格方向的生成需要耗费你订阅账号中0.3小时的GPU算力。风格方向对数越大，耗费的算力时间越多。128对则需要1.2小时的GPU算力，所以会弹出一个窗口让用户再次确认。"Raw mode"一般是默认模式"Default mode"，可以根据习惯自选。提示词内容和生成对数等确认之后，单击下方的"Submit"（提交）按钮，就可以进入生成过程，32对风格方向需要2分钟左右的生成时间。

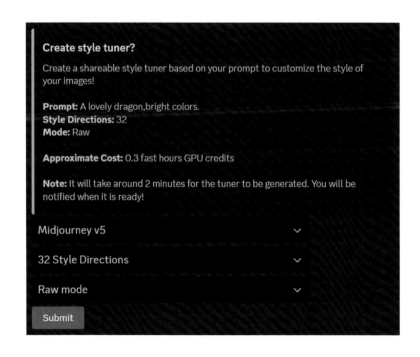

下图所示是单击"Submit"按钮之后生成的 32 对方向中的 6 对。32 对意味着 64 种不同风格，128 对也就是 256 种风格，可以想象"/tune"指令生成图像视觉风格的多样性。下图每对图中间的黑色背景上有一个白色线框，当我们挑选好喜欢的风格之后，就可以单击对应的图片，如选择右下角色彩鲜艳的图，会发现白色线框移动到了选择的图上，这样就完成了风格的选择。想取消时，在中间的黑色区域单击即可。

选定后，把页面拉到最下面，如下图所示，图片底部会有一项"Your code is: raw-zaBWpZzRpA"，这就是选择图片获得的对应风格代码。笔者在生成时启用了"Raw mode"，如果是默认模式，代码前面就没有"raw-"。每张图片的风格代码都不相同。使用方式类似随机风格参考参数"--sref random"，但不是"--sref"加数字串，而是"--style"加代码，如下图所示代码使用方式是"--style raw-zaBWpZzRpA"。把提示词中的龙换成独角兽，英文完整提示词是"A lovely unicorn, bright colors. --style raw-zaBWpZzRpA --v 5.2"。这里切记，目前的"/tune"生成代码只能在 V5.2 版本使用。

下图左侧是使用获得的代码重新生成的龙，右侧是使用相同的代码，把龙替换为独角兽的生成结果，可以看出两组图在风格方面比较统一，是一种多彩的 3D 效果。

获得一串代码也就获得了一种风格，可以分享给其他 Midjourney 用户，进行风格共享。当我们使用了多次风格定制 "/tune" 指令，如何找到之前的指令生成结果？这时需要用到另外一个指令 "/list_tuners"，使用这个指令，可以调出所有 "/tune" 指令生成的网址清单以及当时所使用的提示词。

随机风格参考参数 "--sref random" 也有这个功能，这和 "/tune" 指令获得的风格代码和风格参考数字串有三个区别：其一，"--sref random" 参数的数字串是随机获取，很难获得想要的风格；其二，风格代码像是一个经过微调的风格模型，具有完成度很高的整体性，而风格参考数字串更像是一个效果滤镜；其三，"/tune" 指令的风格代码目前只能通过 Midjourney V5.2 版本使用，"--sref random" 参数的风格参考数字串只能通过 V6.0 版本使用。风格代码的作用虽然和 "--sref random" 参数不同，但和风格参考参数 "--sref" 倒是比较类似，V6.0 版本中虽然没有 "/tune" 指令，但可以用 "--sref" 参数配合风格参考图，达到类似的效果。

下图右侧独角兽组图是笔者把左侧图作为 "--sref" 参数的风格参考进行生成的结果，风格得到了很好的迁移。所以在 Midjourney V6.0 版本中，"--sref" 参数可以当作 "/tune" 指令的替代品，这或许也是官方未更新 V6.0 版本的 "/tune" 指令的原因。

2.3.5 /prefer remix

通过"/prefer remix"指令可以开启或者关闭混合模式，从而提升操作效率。当提示词已确定，只是需要不停地刷新想要的图像时，"/prefer remix"指令可以关闭；而当需要不停地调整提示词、参数值等内容时，就可以开启"/prefer remix"指令，打开混合模式。"/prefer remix"指令的使用方式是直接在提示词输入栏输入"/prefer remix"，不需要添加任何后缀，直接按 Enter 键确认即可。如果混合模式开启，会得到下图所示的提示，关闭方式同样是输入"/prefer remix"后按 Enter 键。

Midjourney Bot ✔APP 今天15:36
Remix mode turned on! Clicking the variation buttons will now give you a chance to edit your prompt! You can always turn this off by running `/prefer remix` again.

笔者想生成一幅图像，画面内容是通过墙壁上一个眼睛形状的破洞，看到远处山顶上的金字塔，提示词是"穿过砖墙上的一个大洞，这个洞的形状像一只眼睛。看到外面雪山顶上有一个金字塔"，英文是"Passing through a large hole in the brick wall, this hole is shaped like an eye::2. Saw a pyramid on top of the snow capped mountain outside. --ar 2:1 --s 200"。为了突出眼睛造型，笔者在眼睛一词后面加了文字权重"eye::2"，并且风格化参数是"--s 200"，让生成的图像有更多的艺术化处理。由于不确定提示词的准确性，笔者先通过"/prefer remix"指令开启混合模式，之后再生成图像。最终得到下图所示的结果，可以看出因眼睛的权重太强，生成的不是眼睛形状的破洞，而是一只真实的眼睛。

如果提示词需要修改，传统的操作方式是：复制提示词，粘贴到提示词输入栏之后进行修改。但是，在开启混合模式的情况下，只需要单击生成图片底部的刷新按钮，就会弹出一个提示词编辑器的窗口，如下图所示。这时，只需要在编辑器中修改提示词即可，非常便捷。

例如，笔者去掉"eye"的权重，把"--s 200"改为"--s 80"，直接单击"提交"按钮就可以再次生成。最终生成图像如下图所示。

2.3.6 /settings

"/settings"即设置。通过这个指令，可以调出设置面板，在设置面板中快速设置一些默认参数和指令。如下图所示，可以设置生成图像所使用的版本、风格化参数值的高低、应用的模式（如公开模式、混合模式、快速模式、放松模式等），设置完成后就会变成默认选择，不需要在提示词之后再添加版本等参数。

下面两张图分别显示的是 Midjourney V6.0 和 V5.0 的设置界面，V6.0 多了"RAW Mode"和"Personalization"两个按钮，目前只有这两个按钮有区别。"RAW Mode"的开启和关闭，对应的是 2.2.9 小节讲过的"--style raw"参数的使用和不使用。"Personalization"对应的是个性化参数"--p"。

此外，"Stylize"对应的是"--s"参数，"Stylize low"代表风格化参数是"--s 50"，"Stylize med"是"--s 100"，"Stylize high"是"--s 250"，"Stylize very high"是"--s 750"。

"Public mode"对应公开模式，让生成的作品以公开方式呈现。

"Remix mode"对应混合模式"/prefer remix"指令。

"High Variation Mode"和"Low Variation Mode"分别对应界面中的生成图像再次编辑功能"Vary (Strong)"和"Vary (Subtle)"，在 2.4 节会详细讲解。

"Turbo mode""Fast mode"和"Relax mode"是生成图像时的几种不同速度的模式，分别对应的是"/turbo"指令、"/fast"指令和"/relax"指令，它们是这几个指令的快速开关。Turbo 模式下的"/turbo"指令生成速度最快，"/fast"指令次之，"/relax"指令最慢。"/turbo"指令生成图像的速度是"/fast"指令生成速度的 4 倍，它使用的是高速实验 GPU 池，消耗的订阅 GPU 分钟是"/fast"的两倍。"/fast"指令在任务提交之后，就开始生成。"/relax"指令是一种比较慢的生成方式，任务提交后，要等到有了空闲的 GPU 才开始生成，官方的说法是通常需要等待 0 ~ 10 分钟。所以在生成的过程中，速度和 GPU

的消耗时间需要取舍与平衡。

"Reset Settings"可以将所有设置进行重置。

2.3.7 其他指令

"/imagine"指令：生成图片最主要的指令。

"/info"指令：可以调出用户ID、剩余订阅的时间、续订日期、总共生成图片的数量，还可以查看当前排队或正在运行的作业状态等信息。

"/ask"指令：提交一个问题并得到回答。但这个指令和常规的自然语言AI聊天机器人不同，它的回答只限定在与Midjourney相关的内容，并且不是太智能。如下图所示，笔者的问题是"为什么V6.0版本中没有/tune？"（"why V6.0 haven't /tune ?"），它的回答只抓住了"tune"，然后简要地告诉笔者如何使用"/tune"指令。

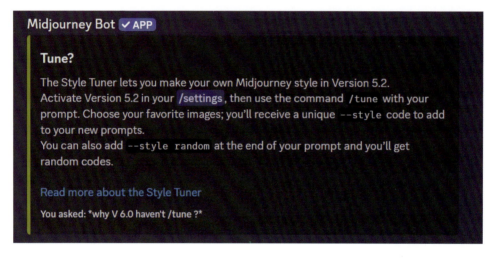

"/stealth"指令：保密模式。只有"Pro Plan"和"Mega Plan"的订阅用户才能使用。使用这种模式后，生成的图像将不会显示在公共频道。

"/subscribe"指令：打开订阅界面。

"/prefer option set"指令：设置快捷自定义后缀参数指令。

"/prefer option list"指令：把用户所有的自定义参数指令以清单形式罗列出来。

"/show"指令：用户可以使用"/show"指令将自己的作品发布到服务器或通道中，或刷新旧图像进行更改。"/show"指令需要配合Job ID使用（2.2.6小节介绍过Job ID的获取方式）。

2.4 界面中的编辑功能

1.4 节简单介绍过界面中生成作品的操作按钮。简单回顾一下，如下图所示，想单独查看某张生成图片的大图，就要单击带有字母 U 的按钮。数字 1 ~ 4 对应的是从左到右、从上到下的图像。U 代表放大，V 代表把数字对应的图像重新生成几个有微小变化的版本。单击后面的刷新按钮 🔄，可以按目前的要求重新生成 4 张不同的图像。

左图中图 4 效果不错，单击 U4 进行单独放大显示，下图左侧为放大后的效果。可以看到图片下方又出现了许多编辑按钮，这些按钮大致可以分为三类：绿框是放大类，蓝框是再次变化类，橙框是扩图类。

Midjourney V6.0 和 V5.0 的图片编辑功能有一点区别。下面两张图中，左图是 V6.0 的编辑功能，右图是 V5.0 的编辑功能，两者的放大类和再次变化类功能不同，其他功能相同。

2.4.1 放大类功能

Midjourney V5.0 的放大按钮 Upscale(2x) 和 Upscale(4x)，在保持原始图像状态的基础上分别扩大图片的像素 2 倍和 4 倍。而 V6.0 版本的放大按钮，Upscale(Subtle) 和 V5.0 版本的放大作用一样，只把图片分辨率放大 2 倍，内容不产生任何变化，而 Upscale(Creative) 则是创意放大，在提高图片分辨率的同时，对图片内容进行少量的创意变化。Upscale(Creative) 对于包含角色内容的图像来说是非常好用的，Midjourney 的图像生成在人类结构方面虽已得到很大改善，但依然会出现一些面部、手部扭曲变形的情况，而 Upscale(Creative) 会在放大的过程中进一步修复结构扭曲的问题。

下图是分别使用 V6.0 版本的 Upscale(Subtle) 和 Upscale(Creative) 放大功能进行放大的结果，有区别但不是很明显，底部图中 Upscale(Creative) 修复了火烈鸟的嘴巴和爪子，让结构更合理，一些残破的叶子也得到了优化。

2.4.2 再次变化类功能

◻1 整体变化

再次变化类中的整体变化功能，可以在现有图片基础上对图片整体进行再次变化，变化过程会保留原始图片的布局、色彩、光影、元素等内容。Midjourney V5.0 的整体变化功能只有一个 Make Variations（生成变体），而 V6.0 中有两个，分别是 Vary(Subtle) 和 Vary(Strong)，Vary(Subtle) 和 V5.0 的 Make Variations 作用相同，对现有图片进行小幅度变化，而 Vary(Strong) 是对图像进行大幅度变化。Vary(Subtle) 和 Vary(Strong) 分别对应"/settings"设置面板中的快捷设置按钮"Low Variation Mode"和"High Variation Mode"。

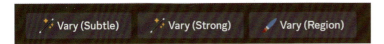

下图是使用 Vary(Subtle) 和 Vary(Strong) 对火烈鸟示例进行变化的结果，上面的是 Vary(Subtle) 作用下的结果，可以看出构图、布局、火烈鸟的动作变化幅度比较小，下面的是 Vary(Strong) 作用下的结果，在大方向和原图相同的情况下，主体物火烈鸟的动作、位置、数量都有较大的变化，环境同样也进行了变化。

当我们生成了一张图片，大方向不错，只是细微的动作、造型不太理想时，可以使用 Vary(Subtle) 进行变化，尝试生成更满意的效果，这样可以避免变化太大，完全脱离控制的方向。当想要在大方向的基础上，生成一些出乎意料的效果时，就可以使用 Vary(Strong) 进行大幅度的变化，生成更好的效果。

❷ 局部重绘

局部重绘 Vary(Region) 也就是局部变化，这个功能在 Midjourney V6.0 和 V5.0 的版本中是相同的。但是目前 V6.0 版本不如 V5.0 版本的 Vary(Region) 功能稳定，经常会出现操作无效的情况。下面用 V5.0 版本

进行演示。单击 Vary(Region) 按钮，会弹出一个悬浮操作窗口，也就是 Vary(Region) 的操作窗口。左下角有两个选择工具：方形选择工具和自由选择工具。使用选择工具可以选取需要调整的区域，这样选区外的内容就不会受到任何影响。单击右下角的箭头按钮，提交修改任务。

下图为使用 Vary(Region) 进行局部修改的结果，笔者在修改选区使用的提示词是"一只色彩鲜艳的孔雀"，英文提示词为"A brightly colored peacock"。可以看出画面中选区位置的火烈鸟变成了一只孔雀，而选区外的地方没有任何变化。Vary(Region) 也可以用来修改角色生成中经常出现的面部、手部的扭曲变形问题，是 Midjourney 中一个非常强大的功能。这个功能的出现，让之前 Midjourney 的不可控变成了可控，让很多只有一点瑕疵的生成图，由废图变成了好图。

2.4.3 扩图类功能

1 整体扩图

扩图，是在保持原始图像内容不变的情况下，由图像中心向四周进行图像内容延伸、扩展的操作。下图中的"Zoom Out 2x""Zoom Out 1.5x""Custom Zoom"和"Make Square"属于整体扩图工具，单击"Zoom Out 2x"和"Zoom Out 1.5x"之后图像大小会整体向外扩展 2 倍和 1.5 倍。"Custom Zoom"是自定义扩展，允许用户在扩展图片的同时，更改提示词和画面参数。"Make Square"可以把各种长宽比的图像全部调整为 1：1 的正方形。

下图所示分别为原始图像、通过"Zoom Out 1.5x"扩展 1.5 倍的图像和通过"Zoom Out 2x"扩展 2 倍的图像，都是在现有图像基础上进行内容的延伸、扩展，和原始图像保持了画面效果的统一性。

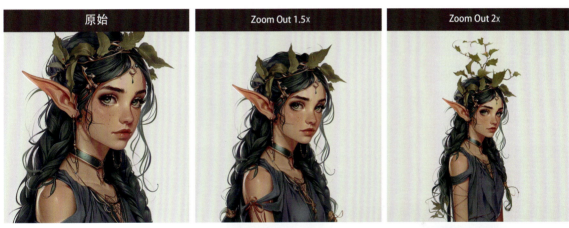

右图中左侧图使用了"Custom Zoom"，添加了一段提示词"在树林中"，另外添加了一个比例参数"--ar 1:2"，让画面比例变成了竖幅，背景添加了植被。右侧图是在左侧图的基础上使用"Make Square"，把图像扩展为正方形，如果原始图像比例已经是 1：1，Make Square 就不起作用。

❷ 方向扩图

扩图类功能中的四个方向箭头按钮就用于指定方向扩图，单击之后会按照所指方向进行图像扩展。方向扩图可以配合 "/prefer remix" 混合模式的开启或关闭，进行多样性的扩图变化。当混合模式关闭时，扩图只延续现有的提示词进行内容生成；而当混合模式开启时，每次单击方向扩图按钮，都会弹出提示词的悬浮编辑窗口，可以再次进行提示词的添加与修改，让扩图拥有不同的内容。

下图是在 Make Square 示例基础上进行的上、下、左、右四个不同方向的图像扩展，在扩展的过程中开启了混合模式，分别添加了提示词"一些飞舞的蝴蝶""在树林中""一些蓝色长尾鸟""一头鹿"。这张图是向四个方向扩展之后的拼合效果。

用户也可以进行多次方向扩展，直至扩展为超宽的横幅画面或者超高的竖幅画面。下图是中间白框范围内的原始图像经过十几次的左右方向扩展后，得到的一个超宽画幅的森林场景。最终的画面宽度超过了 1 万像素。

2.5 风格

风格是指作品整体呈现出的独特面貌。风格按照不同的标准可以划分为许多种，具体如下。

按真实程度划分：可以分为写实、抽象、卡通等。

按艺术派系划分：可以分为印象派、抽象派、野兽派、写实派、古典主义、现实主义、表现主义、超现实主义、立体主义、极简主义、波普主义、超写实主义等。艺术派系的风格区别很大，它们的影响体现在绘画、建筑、摄影、工业设计等视觉领域的方方面面。

按国画技法划分：可以分为白描、写意、泼墨、工笔、没骨等。

AI 是通过大数据计算来获得结果的，这些风格及画派在网络上有着庞大的数据基础，当用户想要某种效果但又不方便用语言描述的时候，可以在 Midjourney 的提示词中注明风格类型，这样就会生成具有相应风格的效果。比如在动画风格中，有墨比斯风格、押井守风格、宫崎骏（吉卜力）风格、皮克斯风格等。下图所示分别为墨比斯漫画作品《埃德娜》、押井守动画作品《攻壳机动队》、宫崎骏动画电影《龙猫》、皮克斯 3D 动画电影《青春变形记》中的画面。可以看出它们的风格差别还是非常大的。想生成以上风格的图片，只需要在文字提示词中添加"× style"即可。例如，想生成皮克斯风格，可以写为"Pixar style"或"In style of Pixar"。

下图所示为以上 4 种不同的风格生成的 4 张相同主题的图像。提示词是"一位女孩和小猫玩"。其中宫崎骏风格的英文提示词是"A girl playing with a cat, Miyazaki Hayao style. --ar 3:2"。这样的风格引用操作能减少许多与画面风格相关的描述。

大家不需要记住每一位艺术家的名字及风格类型，只需要记住各个行业中有代表性的艺术家或者公司即可。例如，全球范围内的 3D 动画公司数不胜数，风格各异，但只要记住皮克斯即可，因为它是欧美主流动画的代表之一。

再举一个建筑行业的例子。一般的住宅类建筑，其基本造型、风格都是相似的，但许多公共性建筑或者特定的商业建筑非常有特点，能体现出设计师或建筑事务所的鲜明风格。下页图（按从左到右、从上到下的顺序）所示分别是 4 位建筑师弗兰克·劳埃德·赖特（Frank Lloyd Wright）、弗兰克·格里（Frank Gehry）、雷姆·库哈斯（Rem Koolhaas）、扎哈·哈迪德（Zaha Hadid）的作品。他们的作品风格迥异，当提示词中出现他们的名字时，生成的图像就有了他们的"气质"。

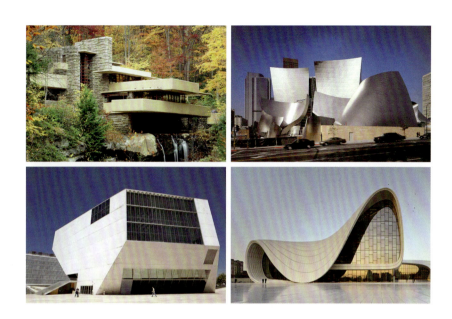

如下图所示，生成建筑的提示词是"A museum by the lake"（湖边的博物馆），风格分别为上面4位建筑师的名字，生成的效果和他们的作品风格非常接近。生成作品的水平甚至已经可以超越建筑行业中的很多专业设计师，这就是AI的厉害之处——"站在大师的肩上"去生成作品。

有一点需要注意，在添加风格关键词的时候，要区分每个领域的艺术风格。如果将建筑行业的大师风格用在角色造型领域，就不知道会生成什么样的图像了。风格、艺术家需要和生成内容相匹配。也就是说，动画要对应动画师，建筑要对应建筑师，概念设计要对应概念设计师……

以下两页是笔者整理的部分作品特色鲜明的艺术家、公司，以及有代表性的艺术风格。其中的艺术家和公司的作品在相应领域都有非常高的地位和很强的辨识度。这里既有各个领域的设计师，也有传统艺术领域的画家。名录中无法囊括所有艺术家、公司和风格，笔者挑选了个人认为比较有代表性的一部分。

艺术家、公司与艺术风格

上海美术电影制片厂风格
（Shanghai Animation Film Studio style）

大友克洋
（Otomo Katsuhiro）

押井守
（Oshii Mamoru）

宫崎骏
（Hayao Miyazaki）

皮克斯
（Pixar）

阿德曼动画
（Aardman Animation）

动画设计

弗兰克·弗拉泽塔
（Frank Frazetta，魔幻设计鼻祖）

叙德·米德
（Syd Mead，科幻设计大师）

克雷格·马林斯
（Craig Mullins，概念设计大师）

马切伊·库恰拉
（Maciej Kuciara，概念设计师，擅长角色）

瑞安·丘奇
（Ryan Church，概念设计师，擅长电影场景）

保罗·查迪森
（Paul Chadeisson，概念设计师，擅长城市）

本·普罗克特
（Ben Procter，概念设计师，擅长机甲）

概念设计

弗兰克·劳埃德·赖特
（Frank Lloyd Wright）

弗兰克·格里
（Frank Gehry）

雷姆·库哈斯
（Rem Koolhaas）

扎哈·哈迪德
（Zaha Hadid）

贝聿铭
（Ieoh Ming Pei）

KPF 建筑事务所
（Kohn Pedersen Fox Associates）

SOM 建筑设计事务所
（Skidmore，Owings and Merrill）

比亚克·英厄尔斯
（Bjarke Ingels）

建筑设计

雷蒙·勒维
（Raymond Loewy）

迪特尔·拉姆斯
（Dieter Rams）

卡里姆·拉希德
（Karim Rashid）

菲利普·斯塔克
（Philippe Starck）

荣久庵宪司
（Kenji Ekuan）

哈特穆特·埃斯林格尔
（Hartmut Esslinger）

深泽直人
（Naoto Fukasawa）

乔纳森·伊夫
（Jony Ive）

工业设计

亨利·卡蒂埃－布雷松
（Henri Cartier-Bresson）

史蒂夫·麦柯里
（Steve McCurry）

维维安·梅尔
（Vivian Maier）

马丁·帕尔
（Martin Parr）

埃拉德·拉斯里
（Elad Lassry）

维维亚娜·扎森
（Viviane Sassen）

斯蒂芬·肖尔
（Stephen Shore）

摄影

瓦伦蒂诺·加拉瓦尼
（Valentino Garavani）

亚历山大·麦奎因
（Alexander McQueen）

乔治·阿玛尼
（Giorgio Armani）

马克·雅各布斯
（Marc Jacobs）

汤姆·福特
（Tom Ford）

拉夫·西蒙斯
（Raf Simons）

服装设计

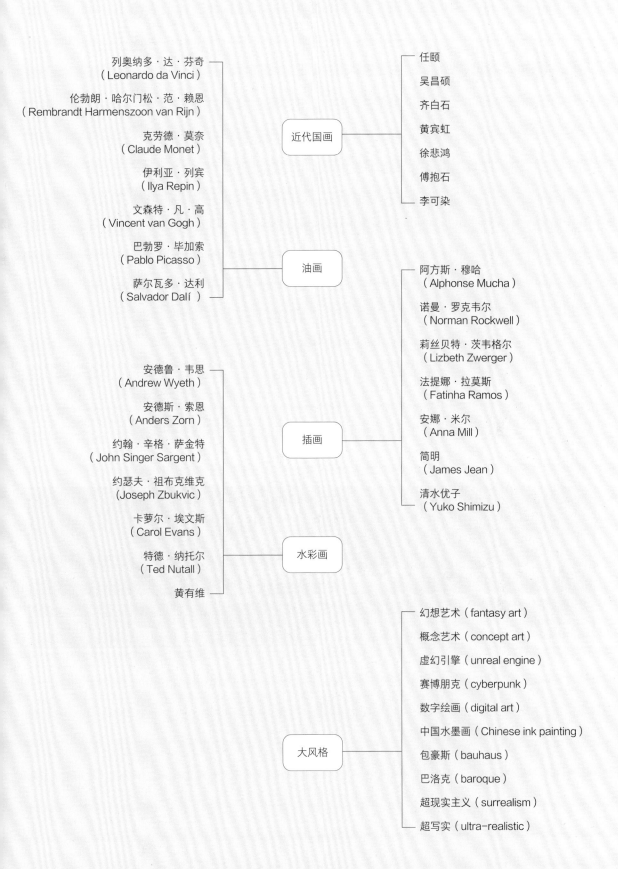

列奥纳多·达·芬奇
（Leonardo da Vinci）

伦勃朗·哈尔门松·范·赖恩
（Rembrandt Harmenszoon van Rijn）

克劳德·莫奈
（Claude Monet）

伊利亚·列宾
（Ilya Repin）

文森特·凡·高
（Vincent van Gogh）

巴勃罗·毕加索
（Pablo Picasso）

萨尔瓦多·达利
（Salvador Dalí ）

油画

近代国画

任颐

吴昌硕

齐白石

黄宾虹

徐悲鸿

傅抱石

李可染

插画

阿方斯·穆哈
（Alphonse Mucha）

诺曼·罗克韦尔
（Norman Rockwell）

莉丝贝特·茨韦格尔
（Lizbeth Zwerger）

法提娜·拉莫斯
（Fatinha Ramos）

安娜·米尔
（Anna Mill）

简明
（James Jean）

清水优子
（Yuko Shimizu）

安德鲁·韦思
（Andrew Wyeth）

安德斯·索恩
（Anders Zorn）

约翰·辛格·萨金特
（John Singer Sargent）

约瑟夫·祖布克维克
(Joseph Zbukvic）

卡萝尔·埃文斯
（Carol Evans）

特德·纳托尔
（Ted Nutall）

黄有维

水彩画

大风格

幻想艺术（fantasy art）

概念艺术（concept art）

虚幻引擎（unreal engine）

赛博朋克（cyberpunk）

数字绘画（digital art）

中国水墨画（Chinese ink painting）

包豪斯（bauhaus）

巴洛克（baroque）

超现实主义（surrealism）

超写实（ultra-realistic）

2.6 视角

视角是指摄影机拍摄时所采用的拍摄角度。根据不同的角度，可以分为平视、仰视、俯视、顶视、鸟瞰、微观等视角。不同的视角有着不同的作用和效果。

不同的视角类别及其英文翻译如下：平视（first-person view）、底视（bottom view）、俯视（overlook）、顶视（top view）、鸟瞰（aerial view）、微观（microscopic view）、前视（front view）、侧视（side view）、后视（rear view）、仰视（look up）、全景（panorama）、卫星视图（satellite view）等。其中，平视是人们平时看物体最常用的视角，也是 Midjourney 生成图像时的默认视角，所以平视不用刻意在提示词中注明。如果想要其他视角效果，就必须添加相关视角的关键词。

下图所示为笔者生成的红色沙发图像。获得平视视角下的种子编号之后，在之前的提示词基础上添加视角提示词，又生成了另外几个视角的图像（可以看到虽然用了种子编号，但生成的沙发造型还是有比较大的区别。虽然角色生成有 "--cref" 参数，得以尽可能地统一造型，但其他物体不能统一造型依然是目前 Midjourney 最大的缺陷，相信之后的版本能解决这个问题）。通过生成的图像可以观察不同角度下的不同效果。

平视是最常用的视角；仰视适合用来生成高大的物体；俯视适合用来生成小物品；顶视用得比较少，因为顶视画面会显得比较呆板，空间感和层次感都较弱；微观视角适合用来表现一些小昆虫或者很小的物件。生成过程中，可以结合生成物的特点来决定使用哪种视角。

2.7 人物镜头

人物镜头是指在影视制作和摄影中，用于捕捉和表现人物的镜头类型和方式。不同的镜头类型可以传达不同的情感，突出不同的细节，创造不同的视觉效果。这些镜头类型同样适用于 Midjourney 中人物的生成表现。不同的人物镜头及其英文翻译如下：极端特写（extreme close up），面部镜头（face shot），特写（close-up），肖像（portrait），半身镜头（medium close-up），中景镜头（medium shot），中全景镜头（medium full shot），全身镜头（full shot）等。

下图是一个狼战士形象，图中展示了具体人物镜头的不同构图及其所对应的范围。

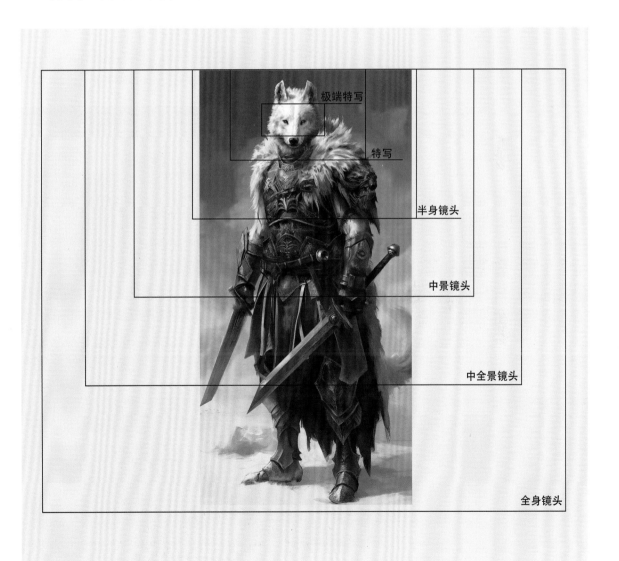

2.8 气氛

气氛主要是针对场景而言的，它看不见、摸不着，是各元素结合在一起时产生的效果。大雾弥漫的早晨、霞光四射的落日、绚丽的雨后彩虹、灯火辉煌的街道、寂静的夜晚……不同的天气、时间、灯光、装饰，带给人的不同感受就是气氛。

为了烘托场景，常用的气氛相关描述词有下雨（rainy day）、下雪（snowy day）、日出（sunrise）、黄昏（dusk）、月夜（moonlit night）、乌云密布（clouded over）、雨后彩虹（rainbow after rain）、雾气（fog）、冷暖光（warm and cold light）、鲜花盛开（in full flowers）、飞花（flying flowers）等。

在 Midjourney 中，默认的气氛是白天晴天气氛，需要其他的气氛时，在提示词中添加相关的气氛描述词即可。除了以上效果，还可在提示词中添加一些形容词，以加强气氛效果，如史诗般的（epic）、浪漫的（romantic）、恐怖的（bloodcurdling）、错综复杂的（intricate）、极致的（ultimate）等。

右图所示为笔者生成的一组在不同气氛下的骑龙少年图像。其中下雪天使用的英文提示词是"High in the sky, a young man dressed in black, riding a Western dragon. Full body. Snowy day. --ar 5:3"。默认状态下生成的晴天效果可以满足大部分需求，但是平淡无奇。在加入不同的气氛效果之后，立刻营造出了故事感，拥有了电影般的戏剧画面，极大地增强了画面的吸引力和感染力。

2.9 Midjourney 的出图方式

Midjourney 的各种出图方式 2.1 节已经介绍过，但只是粗略介绍，目的是让大家对 Midjourney 形成初步认识。通过对参数、风格、视角、气氛等的系统学习，现在终于可以比较全面且专业地使用 Midjourney 出图了。

下表是 Midjourney V5.2 及以下版本和 V6.0 版本的提示词构成模板。Midjourney V6.0 版本提升了自然语言的识别准确度，它的提示词写作方式也和之前的版本有一些区别。表中注明了完整的提示词构成需要具备的要素，以及这些要素在 V6.0 版本与之前版本提示词构成中的组合顺序。提示词内容条理清晰，有助于 Midjourney Bot 进行读取，可以提高生成图像的准确率。

V5.2 及以下版本提示词构成模板	
图片参考	最好是以 .jpg 或者 .png 等图片格式结尾的网址
人物描述	人物的年龄、特征、服饰等描述，以及人物的动作
场景描述	包括年代、造型特征等描述
气氛	为了提升图像的画面感所添加的特殊气氛、灯光效果等
风格	生成图像的艺术风格（照片、油画、雕塑、涂鸦、平面设计……）
质量	图像的质量要求（如 8K、32K、hyperdetailed、ultra……）
参数	画面的比例、质量、风格化，以及版本等设置

V6.0 版本提示词构成模板	
图片参考	最好是以 .jpg 或者 .png 等图片格式结尾的网址
风格	生成图像的艺术风格（照片、油画、雕塑、涂鸦、平面设计……）
主题	设计的主题内容（场景设计 / 角色设计 / 魔幻场景 / 女猎人……）
环境	所处的位置、年代、气候等
构图	视角、人物镜头等构图
气氛	为了提升图像的画面感所添加的特殊气氛、灯光效果等
人物描述	人物的年龄、特征、服饰等描述，以及人物的动作
场景描述	包括年代、造型特征等描述
参数	画面的比例、质量、风格化，以及版本等设置

V5.2 及以下版本与 V6.0 版本的提示词构成模板之间的区别，主要是以下几点：①风格和内容的顺序，V6.0 是风格在前，内容在后，而其他低版本是内容在前，风格在后；②低版本由于语义理解较差，需要额外添加很多质量提示词，而随着效果的提升，V6.0 版本已经不需要额外说明；③同样由于语义理解能力的区别，低版本提示词不能写太多，而 V6.0 版本可以把提示词拆分得更细致，如主题、环境等。

生成图像时根据模板添加内容即可。值得一提的是，调整关键词的前后顺序，也会产生一些不一样的效果。随着技术的进步，在 Midjourney 未来的版本中，写作模板应该会不复存在，用户只需要用自然语言书写提示词，就可以得到非常准确的生成结果。

2.9.1 文生图

在提示词构成模板中，虽然图片参考（图片提示词）排在最前面，但它并非必要元素，可以根据实际情况进行添加；而文字提示词是必要元素，没有文字提示词，图片将无法生成。文生图是 Midjourney 最主要的生图方式。

文生图的概念之前讲过，这里不再赘述。现在用所学的知识组合生成一幅完整的作品。下图所示为使用 V5.0 版本综合各元素生成的 4 幅油画。提示词是"凡·高和蒙娜丽莎走在纽约的大街上，凡·高穿了一套西装，蒙娜丽莎穿了一件时尚的长裙。全身。白天的效果。古典油画风格。达·芬奇绘画风格"。

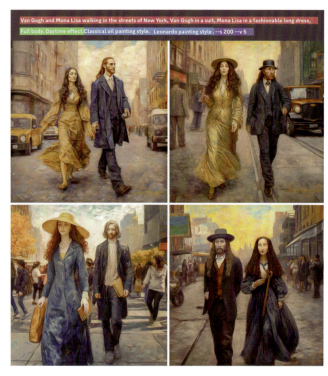

在图顶部的提示词中，红色部分是对人物和场景的描述，包含人物的服饰和行为；绿色部分是对天气和人物镜头的备注；蓝色部分是风格方向；紫色部分是各参数设置。让 15 世纪文艺复兴时期的达·芬奇画 19 世纪的凡·高，再让凡·高和蒙娜丽莎出现在同一幅油画中，这种画面让人产生一种恍惚的感觉。

在低于 V6.0 的版本中进行文生图时，如果想要的效果不是太明显，可以使用不同的质量描述词，如写实的（realistic）、高度细节的（highly detailed）、4K 分辨率（4K）、照片级写实的（photorealistic）、超写实的（ultra-realistic）等。另外，提示词多强调几次，效果会明显一些。

下图是使用 V6.0 版本生成的一组图像，用了同样的提示词，只是按照 V6.0 的提示词构成模板，对提示词的前后顺序进行了调换。提示词是"古典油画风格。达·芬奇油画风格。白天。全身。凡·高和蒙娜丽莎走在纽约的大街上，凡·高穿了一套西装，蒙娜丽莎穿了一件时尚的长裙"。对比提示词类型的色彩标注，就可以直观地看出它们的顺序变化。

虽然要求的风格是古典油画风格、达·芬奇油画风格，但在 V6.0 版本生成的画面中，却更加偏向凡·高风格，更偏印象派，右下角的一张又有点埃尔·格列柯的风格。虽然 V6.0 是升级后的版本，但在这个绘画风格的示例中，笔者觉得 V5.0 版本的风格理解和画面表现比 V6.0 要好很多。所以在更需要创意的生成任务中，可以尝试使用旧版本来生成，如 V5.0 或 V5.2 版本，可能会有意想不到的效果。

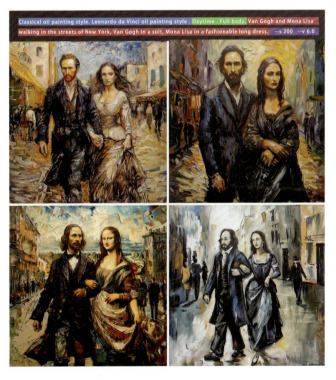

2.9.2 图生图

图生图是指使用参考图的构图、风格及造型去生成新的图像。

这种方式可以减少使用很多描述词，对于英语基础欠佳的用户来说是行之有效的方式，但这种方式也被许多人抵制。在设计网站 Artstation 上，曾掀起一股抵制 AI 绘画的浪潮，主要针对的就是用别人的作品去生成自己作品的行为。这是可以理解的。试想一下，你的一幅作品画了十几天，你的风格形成花了十几年，结果别人只要拿到你的一幅画，就可以轻而易举地使用你的画面元素和风格，换作谁都不会太愉快。但技术的车轮一直在前进，它不会后退，趋势形成之后是无法逆转的。这一点也是 Midjourney 开发时所在意的，因此使用图生图的方式生成图像时，Midjourney 会尽量让生成图像和参考图拉开差距，无论是气氛、造型还是细小元素都会避免雷同。

在使用图生图方式生成图像时，可以尽量使用照片素材或自己以往的优秀作品，以生成更好的图像。

左图是笔者绘制的一张场景设计图，属于中规中矩的影视概念设计图。笔者用 Midjourney 为它施加"魔法"，看看会有什么变化。

获取图片网址的方式

第 1 种：对于网络上的图片，在图片上单击鼠标右键，然后单击"复制图像链接"选项，即可获得图片网址。

第 2 种：对于自己的图片，把图片导入 Midjourney 操作界面，会生成一个附件的图片信息，直接按 Enter 键发送，会看到图片已出现在 Midjourney 聊天界面，单击放大图片，并单击鼠标右键，选择"复制图像链接"选项，即可获得图片网址。

笔者使用的提示词是"一座非常有科技感的城市，建筑结合了现代派和未来派的风格。这座城市由独特的城市外观、高耸的摩天大楼、流线型建筑和未来主义建筑混合组成。空中有许多飞行器。史诗般的场景。Artstation 上的作品趋势。保罗·查迪森的风格。照片级写实，超逼真"。如下图所示，蓝色部分就是图片网址，后面是英文提示词和参数设置。

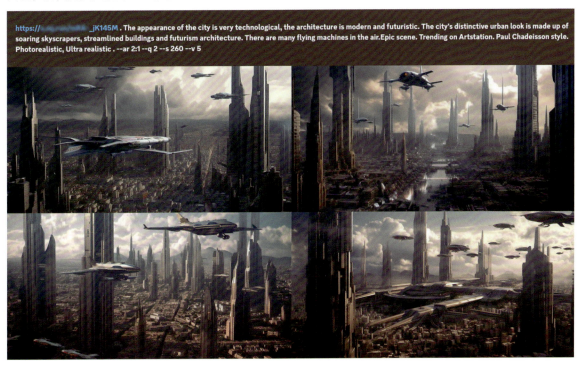

下面这两张图是挑选两张生成图像放大后的效果图，有没有科幻大片《星球大战》的既视感？和原图相比，有一种说不清、道不明的关联。比起笔者十多年前绘制的原图，生成图像在光影质感方面有了质的飞跃。

图生图功能可以达到事半功倍的效果，以后概念设计师出图时，只需要大概画一下想要的效果，Midjourney 的图生图功能就可以在几分钟内为设计师提供多种方案。

2.9.3 图图结合

图图结合是指使用两张参考图生成一张图。这种方式有点像使用"/blend"指令生成图像，但使用"/blend"指令时不能添加额外的提示词，调整的余地不大。而图图结合的方式可以在图片的基础上进行额外的修改和调整。

为了展示图图结合和使用"/blend"指令生成图像的明显区别，笔者继续使用 2.3 节讲解"/blend"指令时所用的两张图片：异齿龙和山林场景。获取图片网址的方式和之前相同，在使用提示词

的时候，图图结合和图生图的唯一区别是：一次添加两个网址，需要用英文句号和空格的形式把两个网址分开。其他文字描述词和文生图中的类似，可以结合这两张图去写。例如，笔者使用的提示词是"一头异齿龙，在瀑布边咆哮，后面是美丽的瀑布和彩虹，还有一大片树林"。英文提示词如下图所示。

笔者使用简单的提示词搭配两张图片，就生成了一组壮观的侏罗纪时代环境的画面。下图是之前用"/blend"指令生成的混合图，对比图像，可以发现用图图结合的方式生成的画面更生动、真实，光影效果更自然。图图结合的方式灵活性更高，可以任意添加想要的效果。

至此，Midjourney 的核心功能基本都讲解完成。

2.10 Midjourney 的插件

Midjourney 本身是网页版软件，所以它的插件没有安装类软件多，但也有几款比较好用的插件，如 InsightFace、Promptalot、Trace Journey 等。尤其是 InsightFace，这是一款换脸插件，在 Midjourney 用户群中有很高的热度。Promptalot 是 Midjourney 的辅助插件，可以提高工作效率。Trace Journey 是一款再次编辑插件。这些插件的功能不同，安装方式也不同。需要注意的是，这些插件只支持 Midjourney 的 Discord 社区版本。

2.10.1 InsightFace

InsightFace 是一个开源的二维、三维深度人脸分析工具，有效地实现了人脸识别、人脸检测和人脸对齐算法。由于它的开源性，InsightFace 除了为 Midjourney 提供插件，也为其他 AI 工具如 Stable Diffusion、Krita AI 提供插件。安装 InsightFace 需要用一个网址进行 InsightFace 机器人的添加。输入网址按 Enter 键确认之后，弹出右图所示的窗口，选择需要添加的服务器，单击"继续"按钮完成安装。

挑选一张照片，在 InsightFaceSwap 中找到"/saveid"指令（见下图）创建面部目标体 ID，单击"/saveid"后会弹出一个图片上传窗口。

上传如下图所示的照片之后，在 idname 处为照片命名，命名只支持英文。然后按 Enter 键上传，完成目标体 ID 的创建。有了目标体 ID 之后，有两种方式可以进行换脸操作：第 1 种是使用 Midjourney 生成人物图像进行换脸，第 2 种是上传本地图像进行换脸。

第 1 种：使用 Midjourney 生成自己想要的人物造型、服饰、环境进行换脸。例如，提示词为"机甲女孩，漂亮女孩，机器人，半身"，英文提示词为"Mech girl, beautiful girl, robot, half body"，通过刷新、选择之后，使用 U 按钮单独放大选定的图像，在图像上单击鼠标右键弹出菜单，选择"APP"→"INSwapper"选项。

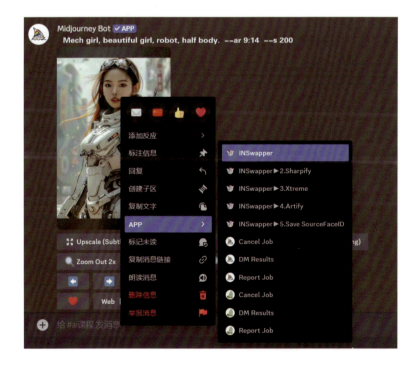

等待数秒，就可以完成换脸操作。下面左侧为 Midjourney 生成的图像，右侧为使用 InsightFace 换脸的图像。可以看出，生成图像中除了面部做了替换，身体、服饰、环境等内容没有任何变化，并且对五官特征的识别提取非常准确。

第 2 种：上传本地图像进行换脸。把本地的 JPG 或者 PNG 图片导入 Midjourney 操作界面，按 Enter 键完成图像上传，然后在图像上单击鼠标右键，同样选择 "APP" → "INSwapper" 选项。

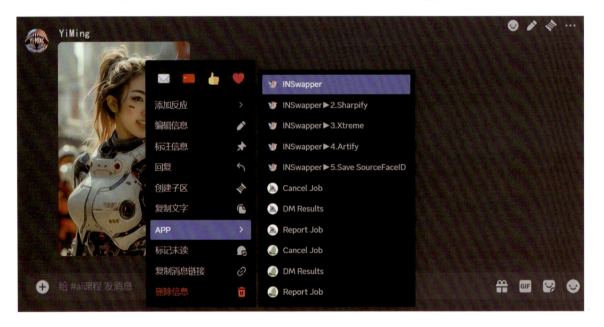

等待数秒后，得到下图所示结果。左侧为笔者上传的本地图片，这张图片同样是使用 AI 工具生成的。右侧为换脸之后的图片，效果与直接替换 Midjourney 生成的图像相同，都只有面部的变化，并且这种方式更灵活方便，自己的任何照片都可用于替换，不需要写提示词。注意不能随意替换别人的照片，会侵犯肖像权。

如下图所示，使用 InsightFaceSwap 中的"/delall"和"/delid"指令可以删除全部目标体 ID 和指定的单个目标体 ID，进而进行新的目标体 ID 创建。

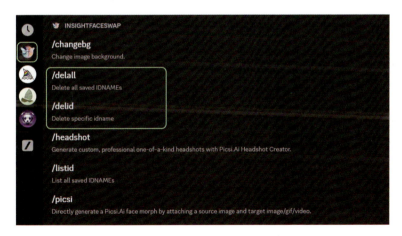

使用 InsightFace 插件，可以突破现实的限制，实现现实中无法到达的地方、不好实现的动作、不易获得的服装造型等，让虚幻创意和现实人物产生了连接。

2.10.2 Promptalot

Promptalot 是 Google 浏览器 Chrome 中的一个扩展程序，开发者是 ChrisHeidorn ，将该程序添加至 Chrome 即可。刷新 Midjourney 所在的 Discord 网页，在每张生成图像的下面可以看到 Promptalot 的编辑界面。

将鼠标指针移到按钮上，会显示这个按钮的作用。这个界面一直在调整，目前界面的第一行是关于提示词的，从左到右有 11 个绿色按钮，它们的功能分别是：①复制所有提示词，包括图像提示词、文字提示词和各类参数；②将提示词增加到之前复制的整个提示词之后；③复制参考图片网址；④只复制文字提示词；⑤只复制参数；⑥只复制参数中的风格化代码；⑦只复制参数中出现的种子（seed）；⑧只复制任务 ID（Job ID）；⑨获得种子迭代；⑩获得种子；⑪将组图中的 4 张图像同时进行单独放大显示。

第二行是关于图像的，从左到右有 10 个绿色按钮，它们的功能分别是：①复制图片网址；②将参考图片网址添加到之前复制的整个提示词之前；③在新的页面打开图像；④复制图像到剪贴板；⑤下载图像到本地；⑥去除图像背景；⑦添加生成此组图像的所有提示词到 Promptalot 网站（需要创建账号）；⑧打开你的 Promptalot 网站账号；⑨设置 Promptalot ；⑩单独打开 Promptalot 网站。

从以上介绍可以看出，Promptalot 的所有功能都是 Midjourney 所具有的，它只是把 Midjourney 的一些需要多次操作的步骤进行简化或者整合到了一起。比如复制提示词这个操作，在 Midjourney 中需要用鼠标选中需要复制的内容，之后再用鼠标或者快捷键进行复制，但是用 Promptalot，只需要单击按钮即可。再如获取图片网址的操作，需要单击图片以将其放大，之后在图像上单击鼠标右键，选择"复制图像链接"选项，复制图片网址，而使用 Promptalot，同样只需要单击按钮即可。

2.10.3 Trace Journey

Trace Journey 的安装方式同样是通过机器人邀请链接进行添加，输入链接按 Enter 键确认之后会弹出一个窗口，如下图所示，可以看到这款插件目前有 4 万多位成员。添加 Trace Journey 机器人之后，可以用添加 Midjourney 的方式，将其添加到个人服务器。

Trace Journey 这款插件可以在 Midjourney 生成图像的基础上，提供更多的编辑功能。下图所示为它提供的功能，如图像矢量化（Vectorize）、再次放大（Upscale）、去除背景（Remove BG）、创意放大（Creative Upscale）、快速调整（Quick Adjustments）、网格划分（Grid Split）、格式转换（Convert）。

初次生成图像时，是看不到 Trace Journey 的踪影的，但当随意单击图像组下的 U1 ～ U4 放大按钮时，下面就会单独出现 Trace Journey 的编辑界面。

图像矢量化、去除背景，功能和字面意思相同。再次放大、创意放大与 Midjourney 中的放大功能类似。单击"Quick Adjustments"按钮之后会出现一行编辑按钮：亮度（Brightness）、对比（Contrast）、颜色（Color）、锐化（Sharpness），以及返回编辑界面。单击其中的一个编辑按钮，会出现增加或者减少数值的数字按钮，而不是类似 Photoshop 中的滑块。例如单击亮度 +25，会生成一张亮度增强 25% 左右的图像，如下页对比图所示，这样免去了进入其他编辑软件进行编辑的步骤。对于需要进行亮度、对比度、颜色、锐化等小幅度调整的图像，可以节省不少时间。

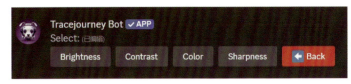

其他功能如"Grid Split"，单击后会把一张图像进行四等分切割；单击"Convert"后，会把图像转换为 JPG 或 PNG 格式。

以上几款插件中，InsightFace 对于人像摄影师和人物写真生成用户来说是无法绕开的插件，另外两款属于可用于提效但并非必需的插件。在 Midjourney 中结合很多编辑功能的方式，是一个很不错的方向，如果官方能朝着这个方向完善 Midjourney，生成图像后便能免去后期处理的操作，从生成到调整都在 Midjourney 中完成。

Midjourney
实战

3.1 生成设计作品

生成设计作品应该是 Midjourney 最重要的作用之一。如今，基本上所有面向大众的设计都已经采用数字化工作方式。设计的数字化和 AI 的自动化有着血脉相承的关系，它们都大幅提升了设计的效率。

任何行业的设计者在进行深入设计之前，都会先提出一些初步的想法，画出概念设计图。早期这类设计图主要使用素描手法来绘制，之后改用水彩等颜料，经过多年的发展才开始使用数字工具，画面的写实程度、质感不断升级，而 AI 绘画将再一次引发设计方式的变革。

Midjourney 可以为设计师快速提供创作灵感，并完成从草图设计到效果图生成的一系列操作。常规的设计流程为了节省不必要的人力，都是从设计草图开始的，草图敲定后才进入上色环节，之后再进行细化。Midjourney 可以省掉前面的所有设计步骤，直接出成品效果图，快速而直观。

3.1.1 概念设计

这里的概念设计主要是针对游戏、影视行业而言的，它涉及游戏概念设计、影视概念设计等，其中又包含角色概念设计、场景概念设计、道具概念设计等。为一部游戏、一部电影进行整体概念设计，相当于设计一个小社会或者小世界。概念设计本身不是产品，而是产品在生产之前的规划蓝图。现在很多概念设计师利用遮罩绘画（matte painting）手法或者 Blender、Unreal Engine 5 等工具出概念设计图，都是为了让概念设计图的效果（材质、光影等）更真实，让设计图和最终的实拍画面或者 CG 画面更接近。使用 AI 图像生成工具可以直接生成接近成片的效果图，而下游的执行人员也不用再去猜测其中的元素用的到底是哪种材质。下面通过场景和角色两个类型的案例，为大家讲解相关图像的生成过程。

1 场景设计

国风游戏、古装影片中经常会出现一些高山上的建筑场景，云雾缥缈，虚实相间，这体现了中国人特有的审美偏好，很多场景概念设计师应该都设计过这类场景。现在用 Midjourney 设计这样一个场景。

场景提示词为"在一座山上，有许多的中国古建筑，山下云雾缭绕，如同仙境，周围景色非常漂亮，瀑布流水，空中有仙鹤飞舞"。

考虑到影视、游戏的画面呈现方式，大部分场景设计都采用横版构图，如 16：9 或者 2.35：1，这里用 2：1 的画幅比例（比例一般使用整数）。

在 Midjourney 中，如果没有注明风格，默认生成的都是写实风格的图像。如果是内部项目，在没有特定要求的情况下可以采用写实风格。但如果是外包或者第三方项目，可能需要采用绘画风格，毕竟不是每位客户都能接受 AI。写实风格的品质可以高一点：设置风格化参数为 150。绘画风格的概念设计参数可以低一点，风格化参数选用 80 即可（默认是 100）。

英文提示词为 "On a mountain, there are many ancient Chinese buildings, the mountain is shrouded in clouds, like a fairyland, the scenery around is very beautiful, waterfall water, there are cranes flying in the air. --ar 2:1 --s 150"。这是写实风格的提示词。想要绘画风格可以添加常规的概念设计风格关键词 "Concept art style. Digital art."。下图所示为生成的写实风格场景。这两组是几组图中效果比较好的。

挑选其中最好的两张，单击生成大图，如下图所示。左边这张图中远处的房子有点扭曲变形，右边这张图中建筑群下面的桥看上去太现代了。

分别单击两张图像下方的 Make Variations 按钮，在图像上进行小范围的修改，再次生成图像。效果如下面两组图所示。

其中有两张符合笔者的期望，单击放大图片，如下图所示。

虽然笔者注明了空中要有仙鹤，但生成的图像中并没有出现仙鹤，怎么办呢？只需要输入提示词"一些飞翔的仙鹤，白色背景"，英文提示词是"Some cranes in flight, white background. --ar 2:1"，即可得到各种飞行姿势的仙鹤，如下图所示。采用白色背景是为了方便抠图，在 Photoshop 中打开场景图和仙鹤图，进行处理即可。最终效果如下页图所示，仙鹤为场景增添了几分灵动和活力。

　　前后耗时不到1小时，就拥有了两个写实风格的方案。下图所示为在之前的提示词基础上添加"Concept art style"后生成的偏绘画风格的图像。

❷ 角色设计

角色设计案例可以尝试一下近些年大受欢迎的赛博朋克题材。赛博朋克的特点是高端科技与低端生活,有一种虚幻与现实结合后呈现的光怪陆离的视觉感受。

设计一位赛博朋克青年,画面中如果只有一个单独的角色,难免单调,可以把他置于一个夜景街道中。画面用竖画幅。完整的提示词是"一个 20 岁的赛博朋克男子,全身,亚洲人,白头发,手臂是机械手臂。他戴着一副紫色方形眼镜,很酷。背景是一条夜景街道。霓虹红色,虚幻引擎 5,写实,极其细致"。这里的霓虹灯是一个重点,也是赛博朋克感的气氛所在。霓虹灯、街排灯箱广告牌是赛博朋克的视觉标志。其他赛博朋克元素有机械、仿生人、义体武器等。英文提示词在下页图中可以看到。

得到的图片如下页图所示。这是一组风格类似于动画版《赛博朋克 2077》的赛博朋克图。这些图并不是一次性生成的,而是迭代了许多次的结果。最终的提示词也经过了多次调整,虽然提示词中一再强调全身,但仍然会生成许多半身像的图片。

图像生成的过程就像甲方给设计师提要求的过程,要求越具体,生成的图像越接近预期,年龄、肤色、是否有胡须、是否戴眼镜、穿什么服装、采用什么灯光等,都可以进行详细描述。如果想生成概念设计风格的图像,V4 版本也有不错的表现。

A 20-year-old cyberpunk guy, Full body . Asian. White hair. The arms are robotic arms. He wore glowing purple square glasses .
Very cool. In the background is a night-view street . Full body . neon red, unreal engine 5, realistic, extremely detailed,
--ar 2:3 --s 150 --v 5

❸ 角色三视图设计

人物图、角色设计图在 Midjourney 中生成没有任何问题。在游戏和影视制作中，还有一个涉及角色制作的重要设计：角色三视图设计。在进行角色三视图设计时，需要根据角色设计图绘制出这个角色的前视图、侧视图、后视图，以提供给 CG 团队在三维软件中进行角色建模时参考。下面通过案例带大家看看如何生成角色三视图，如何让不同角度的角色做到服装、造型的统一。

这个案例的设计主题是一个游戏角色——狐妖的三视图。笔者利用 ChatGPT 生成了一段狐妖角色的描述，整理之后的提示词是"2D 游戏角色设计。三视图：前视图，侧视图，后视图。概念美术。全景。绘画。一个迷人的东方狐妖，穿着现代东方服装，有金色边框和白色花瓣图案装饰。飘逸的短裙，露肩，金色花纹。精致的盔甲上点缀着金色的云彩图案。银白色的护臂上装饰着复杂精致的宝石。她的头上有一对狐狸的耳朵。她的眼睛闪烁着紫色的光芒。狐狸的尾巴从后面优雅地伸展"。提示词中的"三视图：前视图，侧视图，后视图"是角色三视图设计的核心提示词。英文提示词是"2D game character design, Three views: front view, side view, back view. Concept art. Full shot. Painting . A captivating oriental fox spirit adorned in modern eastern attire with golden borders and white petal patterns. The short skirt flows gracefully, revealing the shoulders and featuring golden patterns. Delicate armor embellished with golden cloud motifs. Silver-white arm guards adorned with intricate glass gems. Atop her head, a pair of fox ears. Her eyes shimmer with a purple glow. A fox tail extends gracefully from behind. --ar 2:1 --s 130 --v 6.0"。角色三视图的画幅一般是横幅，比例参数用了"--ar 2:1"，想让艺术化处理稍微多一点，风格化参数设置为"--s 130"，生成的内容比较复杂，使用了 V6.0 版本。

下页图为生成的效果，虽然有些是三视图，有些是多视图，但大的方向还是不错的，提示词中的外形描述得到了很好的体现，不同视图的服装和造型也很好地得到了统一，如上面一排的第一和第二张。笔者选择第二张继续，第二张中的尾巴虽然变成了一个头发装饰物，但造型比较特别，单击 U2 对应的 V2 按钮，在这个方向上再次生成。

再次生成之后得到以下效果：同一个方向的不同变体。几款效果都还可以，这时可以刷新让它继续生成，直到获得满意的效果。笔者选择了第四款，她的状态是自然站立状态，更适合建模参考，单击 U4 按钮单独显示，之后单击 Upscale（Creative）按钮进行创意放大。

通过放大，有些细节得到了创意性的调整，笔者把放大的结果导入 Photoshop，删除了图像中多余的 45 度视图、侧面上半身图，最终得到了下图所示的狐妖角色三视图。除了手部还有一点瑕疵，其他都已符合模型建模的三视图需求。

要生成三视图，除了核心提示词 "Three views: front view, side view, back view"，还可以用 "多角度"（multiple angles），"角色卡"（character sheet）来代替。

下图是使用 "multiple angles" 代替提示词中的 "Three views: front view, side view, back view" 生成的结果，可以看到基于 "多角度" 提示词，生成了多达 6 个不同角度的图像。可见，将 "multiple angles" 作为核心提示词，也是一种生成角色三视图可行的方式。

当使用"character sheet"作为核心提示词时，可以得到类似"multiple angles"的效果。但下面为大家介绍"character sheet"更特别的作用。前面生成三视图的提示词保持不变，只把"Three views: front view, side view, back view"替换为"character poses sheet"，让"角色卡"变成"角色动作卡"，但是Midjourney的版本需要设置为V5.0。下图是核心提示词替换为"character poses sheet"之后生成的结果，画面呈现的是狐妖不同的动作，而不是自然站立，如果使用V6.0版本，依然只会获得自然站立、没有其他动作的图像。

3.1.2 建筑设计

❶ 室外设计

建筑设计流程一般分为3步：第1步，了解客户需求，进行预算，之后出策划草图；第2步，确认草图后出效果图；第3步，效果图通过后出施工图。使用Midjourney可以免去第1步，直接出效果图。Midjourney出效果图比设计草图还要快。

设计高楼大厦、公共建筑的建筑设计师凤毛麟角，设计民用住宅的建筑设计师相对多一些。前面已经设计过一些高端、大气的博物馆，本案例就设计一座民用住宅。

右图所示的这种房屋出生于农村或者去过乡下的人应该都见过，这所房屋前面有马路，所处位置还不错，就是太破旧了。笔者将通过以下步骤对其进行改造设计。

第1步： 把房屋图片上传到 Midjourney 中，获得图片网址。

第2步： 在指令框中，以房屋图片网址 + 文字提示词的形式出设计图（效果图）。可以对设想的房屋进行简单描述，提示词为"树前面有一栋别墅，现代简约风格的中式别墅，两层，有两个阳台，有一个漂亮的大花园"。英文提示词为"The villa in front of the tree, a modern simple style of Chinese villa, two floors, there are two balconies. There is a nice big garden. --ar 2:1 --q 2 --s 230 --v 5"。获得的效果如下图所示，虽然房屋明显升级了，但看上去还是太普通了。

第3步： 上一步的生成效果和预期的相差很多，笔者找了一张参考图，如右图所示，这是一栋比较流行的现代农村别墅，可以将其作为生成效果的催化剂。

第 4 步：使用图图结合的方式重新出效果图，第 1 张图依然是泥土房屋图片，第 2 张图为农村别墅的参考图。修改提示词为"树前面有一栋房子，现代简约风格的中式别墅，三层楼，有两个阳台。落地窗。别墅前面是一条平坦的水泥路。有一个漂亮的大花园"。如下图所示，两个网址中间的句号把两张图片分开了，网址后面是英文提示词。这两组图是在参考图催化下的生成效果，建筑结构和楼层布局好了很多，档次提升了，有了现代时尚感。

如果仍然没有得到预期的效果，可以尝试调整提示词或更换参考图片。笔者挑了两张比较满意的，单击放大图片。下面第 1 张图中的建筑现代简约，带有一点硬朗的工业风。第 2 张图中的建筑有层叠的布局方式，表面有大量的绿植，和周围的环境形成了呼应，有点像绿色生态型建筑。

　　多一个方案，客户就会多一个选择。客户一般都喜欢做选择题而不是问答题。客户确认方案之后，就可以开始设计建筑施工图，也就是 CAD 图了。至此，效果图的设计工作就告一段落了。

　　制作效果图时使用的软件一般是 3ds Max，如果想模仿 3D 渲染的效果，可以在提示词中写入 3ds Max 的渲染器 Octane Render、Vray Render 等，以模仿真实的渲染效果。

❷ 室内设计

通常情况下，人们每天有很多时间在室内度过，无论是家、办公室还是其他场所。良好的室内设计可以创造出舒适、美观、实用的居住或工作空间，提升生活品质和工作效率。室内设计为人们提供了展现个性的机会，通过选择颜色、材质、家具风格等，打造出独一无二的空间，反映自己的生活态度和审美追求。以往室内设计仅仅是专业设计师的领域，需要大量的专业知识和软件技能。而如今，普通人也可以对自家房子进行预期性的设计，在实际装修前，只需要在 Midjourney 中输入自己的想法和需求，就可以快速生成不同的设计方案，这样就可以对自己的想法进行直观的判断，无论是和专业室内设计师沟通，还是对自己举棋不定的装修想法进行抉择，都可以节省大量的时间。

开始室内设计之前，首先要想清楚想要什么风格，这是大的方向，所有的家具、装饰物品、灯光都会按这个方向去生成。国内比较流行的室内设计风格有中式风格（Chinese Style）、新中式风格（New Chinese Style）、当代风格（Contemporary Style）、都市现代风格（Urban Modern Style）、地中海风格（Mediterranean Style）、北欧风格（Scandinavian Style）、工业风格（Industrial Style）、极简主义风格（Minimalist Style）、田园风格（Pastoral Style）、简约风格（Simple Style）、巴洛克风格（Baroque Style）、波希米亚风格（Bohemian Style）等，如果是对艺术有强烈追求的用户，也可以选择非常规的艺术风格，如包豪斯风格（Bauhaus Style）、表现主义风格（Expressionist Style）、立体主义风格（Cubist Style）、抽象风格（Abstract Style）、后印象派风格（Post-Impressionist Style）、新达达主义风格（Neo-Dada Style）等。

左图就是需要装修的毛坯房客厅：水泥墙壁、大落地窗，采光非常好。

第 1 步：选定风格。我们选择比较常规的都市现代风格（Urban Modern Style）。

第 2 步：组织提示词。Midjourney 的图像生成目前还不能保持参考图的结构，所以我们要提取出毛坯房的结构特点，如大落地窗、格局方正，尽量在大方向上和目标结构类似。提示词为"照片。室内设计。都市现代风格。客厅。电视柜。沙发。左侧是一个大落地窗。窗纱"。添加"照片"的目的是告诉

Midjourney 我们要的是写实风格画面，因为室内设计也有手绘等多种风格，另外让落地窗位于画面左侧，它不是设计的主体。英文提示词为"Photos. Interior design. Urban modern style. A living room. TV cabinet. Row of sofas. On the left is a large floor window. Window screening. --ar 16:9 --s 30 --v 6.0"，宽高比选择了横幅比例，风格化参数为30，让其少一些艺术化处理，多结合提示词。生成的效果如下图所示，第一款和第三款还不错，采用中性颜色，如灰色、黑色和木色，营造出简洁、现代的氛围。天花板和墙壁上的嵌入式灯带，以及吊灯和筒灯的组合，达到了多层次照明的效果，增加了空间的深度和层次感。背景墙的石材纹理和嵌入式的储物架设计，既美观又实用。然而这种风格太普通了，现在很流行新中式风格。那就再看看新中式风格。

第3步：换风格。新中式风格的提示词是：New Chinese Style，只需要将提示词中的风格提示词替换即可。另外，沙发就不再是常规现代沙发，而是中式沙发（Chinese style sofa in row），完整英文提示词是"Photos. Interior design. New Chinese Style. A living room.TV cabinet.Chinese style sofa in row. On the left is a large floor window. Window screening. --ar 16:9 --s 30 --v 6.0"。下页图是生成结果，效果还可以。如第一张，背景墙上的中国传统山水画和现代家具相互呼应，既有传统文化底蕴又不失现代感。整个画面采用暖色调，营造出温馨、雅致的氛围。笔者欣赏之际，一个朋友却说，新中式风格融合了许多传统元素，如中式屏风、花瓶和传统画作，通常更受中老年人喜爱，适合喜欢安静、舒适氛围的中老年人。为了凸显笔者年轻的心，继续换风格。

第 4 步：新尝试。笔者作为一个搞艺术的，房子的设计肯定要有点艺术感，下面几个风格都可以尝试一下：工业风格（Industrial Style）、极简主义风格（Minimalist Style）、包豪斯风格（Bauhaus Style）、后印象派风格（Post-Impressionist Style）。如果一个个替换提示词再逐个生成，难免效率太慢，这时可以使用前面讲过的提示词列表，提示词是"照片。室内设计。{ 工业风格，极简主义风格，包豪斯风格，后印象派风格 } 客厅。电视柜。沙发。左侧是一个大落地窗户。窗纱"。英文提示词是"Photos. Interior design. A {Industrial Style, Minimalist Style, Bauhaus Style, Post-Impressionist Style}living room. TV cabinet. Row of sofas. On the left is a large floor window. Window screening. --ar 16:9 --s 30 --v 6.0 "，按 Enter 键确认后显示下图所示信息，单击"Show Prompts"按钮显示具体的 4 个任务提示词。

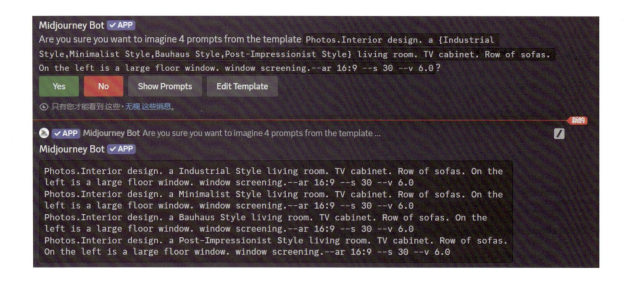

右图是一次性批量生成的图像。各种风格的室内效果排列展示，让人一目了然。工业风格和后印象派风格随意而放松；包豪斯风格精致，广泛使用几何形状，设计感强；极简主义风格简洁，但用于客厅，有些呆板，没有活力。

每个人的喜好各不相同，正所谓"众口难调"。面对客户时，使用 Midjourney 能快速生成多种装修效果供其选择。至于自己家的室内设计，可以不必过分在意别人的意见，毕竟房子是自己住的，最重要的是自己喜欢。

3.1.3 服饰背包设计

服饰是一个很大的品类,包含服装、鞋、帽、袜子、手套、围巾等许多小品类。这些都可以通过 Midjourney 来进行造型设计。下面针对 T 恤、鞋和背包进行案例讲解。

1 T 恤

T 恤是一种非常大众的服饰,其制作工艺比较简单。现在许多电商都有图案印刷服务,有了图案后就可以印在 T 恤上。近些年国潮风非常流行,笔者就带领大家做一件国潮风的 T 恤,然后让虚拟模特穿在身上。

先分析制作方式。对于 Midjourney 来说,可以一次性生成穿着国潮图案服饰的模特,但需要同时控制模特和国潮图案造型,这是一件复杂的事情。笔者计划把两者单独生成,再合并到一起。

第 1 步:生成有国潮图案的 T 恤。能代表国潮风格的图案有很多,只要是我国特有的元素就可以,但要有代表性和辨识性。笔者选用了凤凰。提示词为"T 恤设计,一件白色 T 恤,上面是中国插画风格的抽象凤凰。白色背景。超现实。虚幻引擎"。这里插画风格是重点,不然会出现写实风格的凤凰。虚幻引擎主要是针对 T 恤的材质而言的。英文提示词为"T-shirt design, a white T-shirt, there is a Chinese illustrator style of abstract phoenix. White background. Ultra-realistic. Unreal Engine --ar 2:3 --q 2 --s 200 --v 5"。生成的两组图像如下图所示。

第 2 步：上页图中第 2 张看上去不错，单击放大图片。感觉闭着嘴巴的凤凰缺少热血，单击图像下方的 Make Variations 按钮，进行一次小范围的修改，得到下面的 4 张图。笔者选择了第 2 张。

第 3 步：生成模特。笔者选择的这款图案比较适合男生，虚拟男模的提示词为"25 岁的中国男模，穿着白色 T 恤和牛仔裤，他的两只手插在裤子的口袋里。他的手腕上戴着一块手表。白色背景。逼真。虚幻引擎。照片"。英文提示词为"A 25-year-old Chinese male model, wearing a white T-shirt and jeans. His two hands in his pants pockets. He has a watch on his hand. White background. Ultra-realistic. Unreal Engine. Photograph. --ar 2:3 --q 2 --s 250"。生成的两组图像如下图所示。（其中有的图像并不符合描述，比如第 1 行第 3 张图片，模特的双手没有插在裤子的口袋里，我们不选择这张图片即可。）

第 4 步：组合。T 恤和模特都有了，笔者选择了其中两张图片，组合方式如右图所示。

第 5 步：笔者试过用图图结合的方式，以及用"/blend"指令生成图像的方式，但这两种方式对插画的改变都太大，失去了原本的插画效果。笔者索性把它们一起导入 Photoshop，由于 T 恤是白色背景，只需要在 Photoshop 中使用图层的"正片叠底"混合模式，就可以把两者组合在一起。如下图（左）所示，笔者只是把凤凰的颜色稍微调红了一点，又做了简单的擦除处理。

下图（右）是笔者用相同的方式生成的有中国山水画的 T 恤方案。袖口两侧使用了相同的山水画元素作为呼应。山水画用的颜色不宜太多，主色控制在一两种就好。山水画 T 恤的英文提示词为"T-shirt design, a white T-shirt, T-shirt is a Chinese freehand landscape painting, only blue and black. Abstract simple pattern. The pattern only on the bottom half of the T-shirt. White background. Ultra-realistic. Unreal Engine --ar 2:3 --q 2 --s 200 --v 5"。

2 鞋

模特穿的是白色 T 恤，他的鞋最好是白色或者浅色系颜色。下面来生成一双鞋。

第1步： 鞋的提示词为"一双很酷的男士运动鞋，硅胶鞋底，柔和的颜色，很有设计感，时尚，克雷格·格林风格，未来感，清晰，写实，虚幻引擎"。克雷格·格林是一位观念非常超前的设计师，他的设计作品前卫，有未来感，这里选择他的风格作为方向定位。画面的画幅用默认的方形，采用写实风格，质量参数是 2，风格化参数是 200。英文提示词是"A cool pair of men's sneakers, silicone soles, pastel colors, very design sense, fashion, Craig Green style, futuristic, clear, realistic, Unreal Engine. --q 2 --s 200 --v 5"。生成的图像如下图所示，这些运动鞋看上去都很前卫，但是蓝、紫、绿色调和印有凤凰图案的 T 恤搭配起来不是很协调。

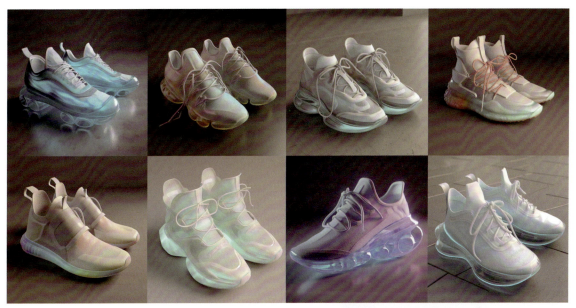

第2步： 修改关于颜色的提示词，把"白色为主体色，点缀少量橙红色"（main body white, with a little orange red）添加到文字提示词中即可。新的英文提示词为"A cool pair of men's sneakers, silicone soles, pastel colors, main body white, with a little orange red, very design sense, fashion, Craig Green style, futuristic, clear, realistic, Unreal Engine. --q 2 --s 200 --v 5"。重新生成的图像如右图所示。

第 3 步： 上一步生成的鞋款式看上去太普通了，继续进行调整，添加特殊造型的提示词"鞋的胶底有一些小圆形孔"（The rubber soles of shoes have some small round holes）。重新生成的图像如右图所示，这几款终于有了些时尚感。

第 4 步： 笔者最终选定了上图第 1 款鞋，其造型非常有个性，带点淡蓝色，可以平衡浓郁的橙色。单击放大图片，如右图所示，透气的面料、逼真的细节，真的非常惊艳。

在生成产品的过程中，大家可以多找一些参考，毕竟每个人的精力有限，涉猎的范围也有限。对于陌生的产品，可以多观察它们的造型、颜色特点，借鉴它们的优点，并将其应用到自己的作品中。这样自己的作品也会逐渐成熟起来。

3 背包

背包是大家日常生活中经常使用的物品。

大家是否还记得 2.2.6 小节中的背包案例？笔者使用的提示词是"硬壳胶囊形状黑色背包，完整显示，简洁的产品设计，白色背景，由迪特尔·拉姆斯设计，Octane 渲染，4K，复杂、细致的纹理"。迪特尔·拉姆斯（Dieter Rams）是德国著名工业设计师。英文提示词为"Hard shell capsule shape black backpack, full display, simple product design, white background, designed by Dieter Rams, Octane render, 4K, complex and detailed textures. --ar 3:4 --q 3 --v 5"。更换颜色时只需把"black"修改为其他颜色即可。

背包有了，让模特背上，看一看效果。

第 1 步：选择背包款式。使用的组合如左图所示。

第2步：这个模特面向前方，如何让他转身，展示背包呢？可以使用"/blend"指令，同时导入背包和模特两张图。如下图所示，由于两张图用的都是竖画幅，"dimensions"选择"Portrait"选项即可。

第3步：生成模特背包效果。如右图所示，Midjourney会自动计算背包和模特的关系，而不是进行简单的融合。模特特征和背包造型虽然没有完全还原出来，但已经基本够用。Midjourney还生成了一张模特正面背包的图像，为的是让用户有更多的选择。最终笔者选择了右上角的图像。

第 4 步：生成背景。对于背景素材，许多用户通常使用搜索引擎搜索几张好看的背景进行替换，但这种方式很容易产生版权问题。最稳妥的方式是使用自己拍摄的照片作为素材，或者使用 Midjourney 生成。右图所示的背景生成使用的提示词是"照片，从桥上往外看，护栏，夕阳落日景色。非常漂亮"，英文提示词是"Photo, looking out from a bridge, guardrail, sunset sunset view. Very beautiful --ar 2:3"，宽高比使用了选定模特图的比例。笔者选择了第 1 张图，背景比较干净，容易突出产品和模特。

第 5 步：组合。最终的组合如下图所示。一起导入 Photoshop 中进行排版组合，添加文字。

 +  +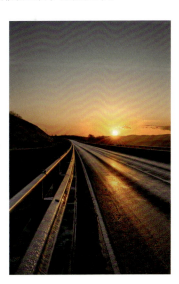

右图是最终效果，前后用了不到 20 分钟做了一个产品宣传单页（品牌名称纯属虚构）。

传统的产品设计流程前面已经介绍过，使用 Midjourney 可以省去草图设计、深化设计的步骤，直接生成照片级的产品展示图。而传统的拍摄流程包含提前准备摄影棚、约模特档期、专业打光、场景搭建、后期修图、设计排版等多道工序，Midjourney 可以直接将其简化为拍摄产品 + 虚拟模特 + 排版，三步搞定，并且没有任何地点和时间的限制。据笔者了解，现在已经有许多服装厂商和电商在实施 AI 虚拟模特的落地化流程，可以说很有先见之明，这样不仅减少了工序，还降低了成本，对于企业来说是非常不错的选择。

3.1.4 潮流玩具

潮流玩具简称潮玩，是一种融入艺术、设计、潮流、绘画、雕塑、动漫等元素的玩具，它是由艺术家和设计师创造的玩具，往往具有收藏价值。例如，泡泡玛特就是一个知名的潮玩品牌。

现在有很多平面设计师开始把自己设计的角色制作成潮玩。但从平面设计图到潮玩的转变过程中，经常会遇到平面造型的结构太复杂，不易转化为潮玩的问题。而 Midjourney 可以省去平面设计的步骤，直接以"照片"形式呈现。确定好 Midjourney 中生成的造型后，可以直接 3D 建模，之后扫描生成原模。这样效率会提高很多。在 Midjourney 中，使用 Midjourney V5.0 和 Niji V5 模型可以生成不同的效果。接下来分别用两种模型生成潮玩，看一看效果。

❶ 使用 Midjourney V5.0

第 1 步：定方向。现在流行的泡泡玛特系列基本都是以孩子造型为主，走的是萌系路线，笔者打算生成一个萌系的小女孩潮玩。提示词为"IP 玩具。一个可爱的卡通娃娃。卡通娃娃是一个可爱的小女孩，梳着长长的辫子。她头上有一朵花。全身显示。蓝色大眼睛，长睫毛。她的脸颊是红的。她有一张卡通、可爱的脸。站立姿势。幻想，梦幻，超现实主义，超级可爱，像3D效果。卡通风格。泡泡玛特风格。体积照明，Octane渲染"。英文提示词为"IP toy. A cute Cartoon doll. The Cartoon doll is a cute little girl, she has long braids. An open cartoon flower on her head. Full body. Big blue eyes, long eyelashes. Her cheeks were red. She has a cute cartoon face. Standing posture. Fantasy, dreamlike, surrealism, super cute, like a 3D effect. Cartoon style. POP MART style. Volumetric lighting, Octane render. --ar 2:3 --q 2 --s 200 --v 5"。

按Enter键确认后，生成了右侧的4张图像，第2款造型和款式都很不错，但笔者想要的不是3D作品，而是潮玩，长长的辫子不适合批量生产。不过这个造型很不错，可以先保存下来。

第2步：删除提示词中的"she has long braids"，重新生成图片，得到右侧的4张图像。第2款娃娃看上去很可爱，但裙子上的花不太好看，单击生成大图，再单击图像下方的Make Variations按钮，进行小幅度的调整。这样就得到了下页左上方的4张图，可以看到裙子上的花和娃娃的表情都有了一些小变化，4款造型都挺可爱。笔者最终选了第2款嘟着小嘴巴的造型。

第3步：单击放大图片后，笔者发现娃娃的眼睛有点暗淡，头顶的花饰也不好看，笔者就结合下页左上方图中的第4款造型，将眼睛和花饰进行了替换。这样就得到了下页右上方图所示的最终版娃娃。

大家是否还记得第1步操作完成后保留了一款废弃的方案？在 Photoshop 中打开之前保存的图片，稍加处理即可得到另一个可爱的娃娃，如右图所示。

2 使用 Niji V5

对前面使用的英文提示词稍加修改,并将结尾的"--ar 2:3 --q 2 --s 200 --v 5"改为"--ar 2:3 --niji 5 --style expressive --v 5",这里用 Niji V5 版本的表现力模式来生成。按 Enter 键确认后,分两次刷新,得到下图所示的两组图像。效果接近笔者的预期,毕竟 Niji V5 是专门为动画夸张风格而开发的,用它来生成卡通风格的手办会更加合适。

笔者觉得第 3 个造型很好,有荷花元素,人物双手合十,闭目养神,看上去很可爱。唯一的缺陷是头顶的荷花比头还大,感觉人物的重心不稳。第 4 个造型也不错,看上去非常可爱。第 6 个造型看上去挺潮的,但也有缺点:帽子耳朵上两个类似喇叭的造型不是很好看。

分别对第 3 张和第 6 张图片进行处理。单击放大第 3 张图片后将其保存,把大尺寸图片导入 Photoshop 中,对头顶的荷花进行缩小处理,效果如右图所示。

单击放大第6张图片，单击 Make variations 按钮，进行小范围的调整。得到左侧的4张图。笔者挑选了第3个造型后，单击 Make variations 按钮，得到右侧的4张图。笔者选择右下角的造型图作为最终的潮玩生成图。

下面分别是第3个造型和第6个造型经过处理后的大图效果，以及第4个造型的大图效果。笔者还为第3个造型添加了一点故障效果。

以上案例主要介绍了使用 Midjourney 生成潮玩的方法，相信读者经过练习与筛选生成的效果肯定比笔者生成的好很多。短视频平台上可爱的卡通造型同样可以用生成潮玩的方式生成。

另外，从图像生成和处理的角度讲，要综合运用多种方式达到制作目的。想让所有的效果都在 Midjourney 中实现是不现实的。Midjourney 可以提高效率，但不能解决所有问题，大家要灵活使用。

3.1.5 首饰设计

首饰是现实生活中常用的装饰品。别致的造型和材质工艺可以凸显个性，甚至改变一个人的气质。本小节以戒指设计为例进行讲解。

第1步：戒指由金属、钻石等组合而成，材质坚硬，质感突出，闪闪发光。风格包括简约风格、繁复风格等。这里设计一款看起来奢侈一点的10克拉大钻戒。提示词为"一款珠宝设计，以樱花为主题的戒指，10克拉钻石，配以奢华宝石，奢华无比，看起来闪闪发光。产品视角，蒂芙尼风格。Artstation 的趋势……超多的细节，4K，柔和的照明，梦幻，时尚，Vary 渲染，虚幻引擎。--q 3 --s 300 --v 5"。

产品采用展示视角。画幅比例使用默认的正方形。蒂芙尼是一个珠宝品牌，放在提示词中可以让 Midjourney 生成方向更明确。Vary 就是前面介绍过的3D软件中的渲染器，它在光线追踪渲染方面有不错的表现。采用写实风格，质量参数为3，风格化参数为300。

英文提示词为"A jewelry design, a cherry blossom themed ring, 10 carat diamonds, with luxury gems, luxury, look of glitter. Product views, Tiffany style. Trending in Artstation. Expertly captured using a Canon EOS R6 mirror less camera, paired with the sharp and versatile RF 120mm. An aperture of f/2, ISO 260 and a shutter speed of 1/500 sec. Ultra detail, 4K, soft lighting, fantasy, fashion, Vary render, Unreal Engine. --q 3 --s 300 --v 5"。按 Enter 键确认后，生成的戒指图片如下图所示。

英文提示词中，"Trending in Artstation"之后的两句描述是添加的一些相机设置，主要是为了提升"摄影"画面的质量，这里可以先不理会。如果想知道使用的逻辑，可以查看后面的 3.3 节，其中有详细的相机设置介绍和在 Midjourney 中的使用方法。

第 2 步：在生成的戒指造型中，有的樱花太突出，有的造型不合理，都不方便佩戴。笔者从中选取了两款，单击放大图片，效果如下。

上面的戒指如果用 3D 建模的方式来制作，从设计模型到设置材质、灯光，再到合成、渲染，要花三四天的时间，而使用 Midjourney 前后只用了不到 15 分钟就完成了制作，并且有多个款式可供挑选。

手镯、耳环、吊坠等首饰的设计方式都是类似的。

3.1.6 电商 UI 设计

电商 UI 设计是电商设计和 UI 设计的合称，是指为 App 产品或者电商网站进行界面设计、交互设计等，包括用户界面设计、网店页面设计、产品海报设计、产品详情页设计、图标设计等。电商 UI 设计师不仅要懂得平面设计、网页设计，还要学会应用平面元素和三维元素。

本小节主要介绍如何使用 Midjourney 进行用户界面设计和产品海报设计。

1 用户界面案例

第1步：定位。要设计的是一款售书 App 的界面，主要在手机上进行浏览。提示词为"用户界面设计，购书的 App，手机 App，简洁的界面，Figma"。Figma 是一款 UI 设计工具，与 Octane 渲染、Vray 渲染、虚幻引擎等关键词的作用是相似的，界面设计用默认比例即可。英文提示词为"User interface design, App for buying books, mobile App, simple interface, Figma. --q 3"。

生成效果如下图所示。两组图像都平平无奇，并且缺少交互设置，如搜索框、购买按钮、收藏按钮等。

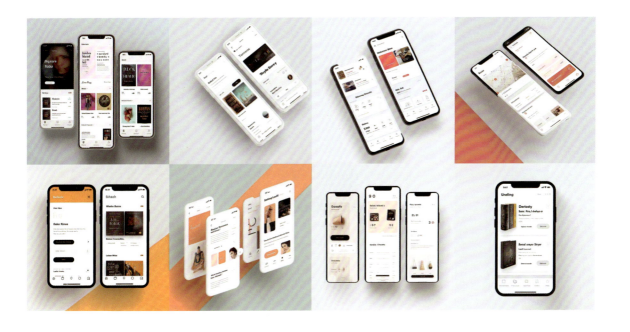

第2步：更改提示词为"UI 设计，书商的 App。图书展示。支付按钮，收藏按钮。顶部有一个搜索框。简洁的界面。干净的 UI。Figma。Behance 的设计趋势。平面显示"。其中的 Behance 类似于 Artstation，是一个更倾向于平面设计的设计网站。英文提示词为"UI design, bookseller App. Book display. Payment button. Favorite button. A search bar at the top. Simple interface. Clean UI. Figma. Trending on Behance. Flat display. --q 3"。

使用优化后的提示词生成的效果如下页图所示。这次已经很接近预期了，需要的元素基本上都具备了。

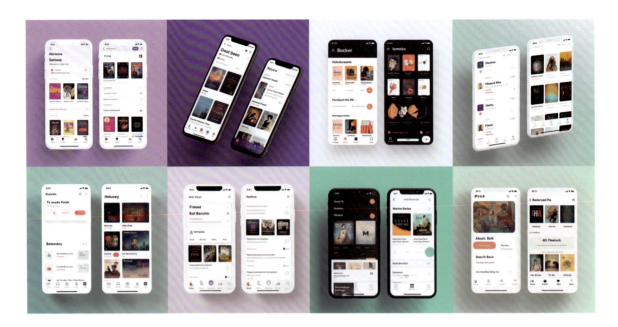

第3步：挑选一套UI设计，单击放大图片，效果如右图所示。令笔者惊喜的是，这套UI设计有一款贴心的夜间模式，搜索框、折叠的菜单栏，以及各种功能一应俱全。现在需要做的就是用真实的产品替换书籍的封面，把虚拟的英文内容替换为中文内容。

第4步：生成合适的图标。图标同样可以在Midjourney中生成。使用的提示词主要是"icon design""simple style, flat design"。图标的质量和风格化参数保持默认设置即可。效果如下页图（左）所示，这是一套稍复杂的图标。如果想要更简单的图标，可以在提示词中加入"黑白线框，白色背景"（black and white wireframes, white background），效果如下页图（右）所示。

更改提示词为"图标设计，书架图标设计，图书图标设计，简约风格，扁平化设计，非常简单，白色背景"。英文提示词为"Icon design, bookshelf icon design, book icon design, simple style, flat design, very simple, white background. --v 5"。如下图所示，生成的图标风格介于上面两种风格之间。笔者选用了右上方的几个图标。

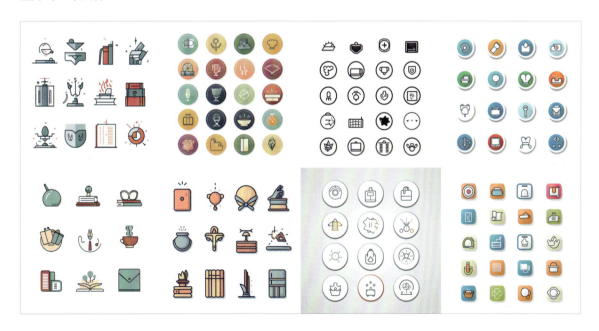

第 5 步： 替换图标和文字。
把选好的图标和界面设计一起导
入 Photoshop 进行替换，最后的
效果如右图所示（文字内容都是
虚构的）。

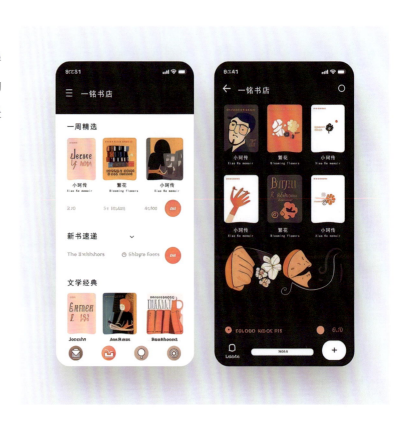

在平面设计中，Midjourney 的应用范围有限，但生成 Logo、包装等很轻松。UI 设计中一些费时费力
的 3D 效果、插画效果也可以用 Midjourney 制作出来。

❷ 产品海报案例

在 3.1.3 小节的背包设计案例中，背包和模特相结合的展示图片
就属于比较简单的产品海报。这里笔者带领大家做一款完整的产品海
报设计。

第 1 步： 定位。现在有一款产品，是一款男士保湿水，瓶子颜
色由蓝色、金色和黑色组成（这款保湿水的瓶子包装同样是笔者用
Midjourney 生成的），如右图所示。保湿水的产品效果是保湿，所以
可以把它的展示环境设定在比较潮湿的地方，如雨林一角。

第2步： 组织提示词。产品展示拍摄需要注意的事项包括视角（产品展示视角）、灯光（产品展示灯光，可以起到聚光的作用）、景深（聚焦产品的浅景深可以弱化环境，突出产品）、拍摄风格（选择极简风格即可，周围元素太多，产品不容易凸显出来）。从产品定位出发，结合上面的注意事项，形成的提示词是"一瓶男士保湿水产品展示，男士保湿水呈蓝色，瓶身有金色的英文，产品放置在一片有涟漪的水中，产品展示角度，背景是热带雨林，以绿叶为主，浅景深，极简主义风格，产品展示的聚光灯效果"。让环境中的产品和实际产品在外观上统一，后期替换时会更方便。英文提示词为"A bottle of men's moisturizing aquatic products display, men's moisturizing water is blue, the outside is golden English words, the product is placed in a ripple of water, the product display angle, the background is a tropical rainforest, mainly green leaves, shallow depth of field, minimalist style, the spotlight effect of product display. −−ar 2:3 −−q 3 −−s 300 −−v 5"。画幅比例用 2 ：3 的竖幅。之所以这样设置，一是因为保湿水瓶子呈柱形，二是因为随着网购越来越普遍，大家都用手机浏览网页并购物，竖幅的海报更适合用手机浏览。质量参数是 3，风格化参数是 300，这样能表现更多细节。版本选择 V5.0。

右图所示为使用提示词生成的产品展示效果图。如果对效果不满意，可以继续优化提示词，直到满意为止。

第3步：组合。笔者选择第2步生成的第1张图作为环境底图，组合方式如下图所示。把这两张图同时导入 Photoshop 中，下图左侧的产品造型和右侧的产品造型并不完全一样，左侧造型要优于右侧造型，所以直接将左侧造型叠加到底图上面即可完成替换。

因为生成环境中的产品时使用了和生成实际产品相同的外观描述，所以许多相近的元素可以很容易地保留下来，如环境产品中的水泡、瓶壁上的水珠等。替换后的效果如下图（左）所示。

第4步：排版。在 Photoshop 或其他软件中进行排版，添加商品名称、介绍等相关信息。最终效果如下图（右）所示。

3.1.7 工业设计

工业设计的内容包罗万象，许多产品和人们的生活是息息相关的。

1 载具设计

本案例教大家设计一些有未来感的载具，如一辆未来的飞行器。Midjourney 只是一个工具，设计内容时自己需要有个方向，不然就像拆盲盒一样，不知道会得到什么。

第1步：对飞行器进行定位。提示词为"一架非常有未来感的飞行器，整体抛光设计，银白色，流线型，非常光滑。飞行器的外形像是一辆车，但它的前部像一个子弹头。有四个流线型的玻璃窗。飞行器的两侧是推进器。乔纳森·伊夫风格"。乔纳森·伊夫曾是苹果公司的首席设计师，他参与设计了 iPod、iMac、iPhone、iPad 等多款苹果产品，他的作品风格非常时尚简约。英文提示词为"A very futuristic aircraft with an overall polished design, silvery white, streamlined styling, and very smooth. The aircraft is shaped like a car, but the front of the vehicle is like a bullet. It has four streamlined glass windows. On either side of the aircraft are the thrusters, Jony Ive style. --ar 3:2 --q 2 --s 400"。按 Enter 键确认后，得到下面这些造型图像。这些虽然不是笔者想要的，但其中有几款造型还是非常酷的。

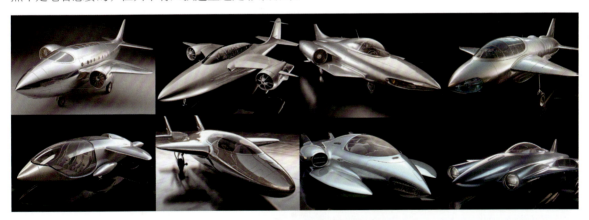

右图所示的这款造型有点像超声速飞车，属于意外收获。这么棒的造型完全可以保存下来。

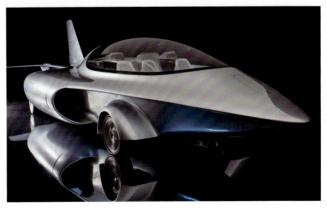

第 2 步：在设计地面上的造型时，AI 会更多地从汽车而不是飞机的角度考虑，所以应该让飞行器在空中飞行，而且现在的背景太黑，看上去很不舒服。笔者对提示词进行了适当优化，添加了"这个飞行器在空中飞行"和"背景是天空"的描述。英文提示词为"A very futuristic aircraft design. The aircraft is flying in the sky. A very futuristic aircraft with an overall polished design, silvery white, streamlined styling, and very smooth. The aircraft is shaped like a car, but the front of the vehicle is like a bullet. It has four streamlined glass windows. On either side of the aircraft are the thrusters. Sky background. Jony Ive style. --ar 3:2 --q 2 --s 500"。在不断刷新调试后，笔者得到了几组造型相近的图像，如下图所示。终于接近笔者的预期了。

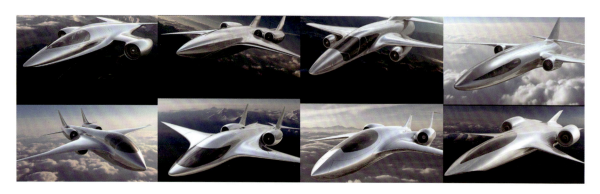

第 3 步：单击放大图片，得到右侧的两张图。第 1 张图中的造型让我想起《三体》中的"水滴"探测器，非常有科幻感，去掉机翼和引擎，进行极简处理后，它就是一艘"外星文明"的飞行器。

第 2 张图中的造型比较像近未来题材科幻片中出现的飞行器，熟悉的结构代表它是地球文明的产物，流线型的设计让人一眼就能看出它是一艘可以超声速飞行的飞行器。

2 智能家居设备设计

目前是人工智能大爆发的时期，各类人工智能产品陆续推出。本案例将设计一款针对儿童用户市场的陪伴型机器小精灵。小精灵内置最新的大语言模型，可以和用户自由交流，并且采用悬浮式飞行技术，可以在房间内随意飞行。

第 1 步：定位。陪伴型机器应该是小巧、可爱、灵活的。形状是球形，质地光滑，给人友好、温和的感觉。面部有一块大的 LED 显示屏，能够变换不同的表情来表达情绪。眼睛周围有光环，可以增加视觉吸引力。底部装有小型高效涡轮风扇，能够实现悬浮和稳定飞行。提示词为"工业产品设计。皮克斯风格。非常可爱。一款可悬浮的飞行器，悬浮在空中。球形的身体，光滑。前面有一个大的 LED 显示屏，显示亮蓝色的数字化的笑脸。白色简单背景"。英文提示词为"Industrial product design. Pixar style. Very cute. A

levitable flying machine.It's floating in the air. Spherical body, smooth. There is a large LED display on the front, showing bright blue digital smiley faces. White simple background. --s 90"。
风格化数值先设置为 90，使其低于默认值。生成结果如右图所示，第 3 张的效果还不错，但有点像《机器人总动员》中伊娃（Eva）的造型，只不过是加胖版。第 4 张放在其他科幻片中也是不错的设计，但作为陪伴机器人不够可爱。

第 2 步：优化。上面的效果是风格化数值为 90 的结果，还可以做不同的调整，看看生成结果会有什么样的变化。比如，风格化数值设置为 30、80 会让生成结果更贴近提示词，设置为 200、500、800 则会让艺术化处理更多。笔者使用了提示词列表，以便进行批量生成。完整的英文提示词为"Industrial product design. Pixar style. Very cute, A levitable flying machine. It's floating in the air. spherical body, smooth. There is a large LED display on the front, showing bright blue digital smiley faces. White simple background. --s {30,80,150,200,500,800}"，单击"Yes"按钮之后，同时进行不同风格化数值的 6 个任务，每个任务的提示词和参数如下页图所示。

下图是使用 6 个不同风格化数值的生成结果，最终生成了几十款，笔者从中挑出了一些效果比较好的。从数值分别为 500 和 800 的两组图像中可以看出，数值越大，艺术处理越多，细节也越多。但并非数值越小越贴近提示词，如 30，提示词中"前面有一个大的 LED 显示屏"就没有体现出来。而与默认值 100 更接近的 80 和 150，生成的效果是里面最好的。

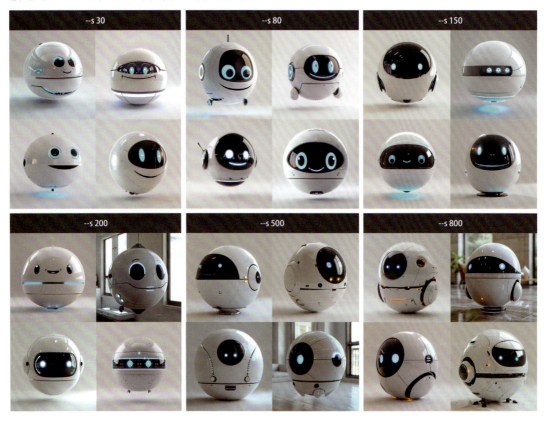

第3步：挑选。再次筛选后，笔者最终挑选了下图这3款。第1款完整度很高，只是嘴巴有点大，削弱了小精灵的可爱感；第2款身体结构不错，但是面部表情不完整；第3款底部的充电装置是一个很好的设计，小精灵没电之后，可以自己停在充电台上充电，但面部表情同样不完整。

第4步：最终处理。上一步挑选出的方案都有一点小问题，可以导入 Photoshop 中直接进行后期处理。最终得到3款小精灵方案。目前的小飞行器基本都是依靠螺旋桨飞行的，要达到设想的悬浮飞行效果，可以使用微型涡轮风扇或喷气系统，但需要解决续航和噪声问题，如果能解决这些问题，这将是一款不错的产品。

以上使用 Midjourney 设计小精灵的方式，同样可以用来设计固定放置的智能家居或者可以行走的小机器玩具。

❸ 家具设计

本案例设计的是一把独特、体验舒适的休闲椅。

第1步： 定位。什么东西看上去很柔软呢？笔者印象中是棉花糖和云朵。Midjourney 是国外团队开发的，笔者不确定它对棉花糖的理解是否到位，因此决定用云朵造型来生成一把椅子。提示词为"一款时尚的休闲椅设计，这把椅子由彩云形状的靠垫组合而成，由 20 朵云组成。非常漂亮，彩色的云。座位和沙发一样厚，很舒服。外面的材料是粗麻。椅腿较短，不锈钢材质，四条厚实的三角形支撑腿。干净的白色背景。灯光很亮。产品视角。超多细节，4K，柔和的灯光，幻想，时尚，虚幻引擎"。英文提示词为"A stylish lounge chair design, the chair is composed of cushions shaped like colorful clouds, it's made up of twenty clouds. Very beautiful, colorful clouds. The seat is as thick as a sofa, very comfortable. The material is coarse-looking. Chair legs are low stainless steel metal legs, four thick triangular support legs. Clean white background. The light is bright. Product views. Ultra detail, 4K, soft lighting, fantasy, fashion, Unreal Engine. --ar 3:2 --q 2 --s 300 --v 5"。

生成的图像如下图所示，造型没有彩云的感觉，像是用各色沙包缝制而成，不是太美观。虽然注明了由 20 朵云构成，但 Midjourney 对数量的掌控明显欠佳——这都有数百个"沙包"了。

第2步： 优化提示词。一是让颜色变单一，二是让云朵的数量变少。将相关提示词调整为"像朵橙色的云，由 10 朵云组合而成"（The chair is composed of cushions shaped like an orange cloud, it's made up of ten clouds）。其他描述不变。

这次生成的款式效果比第一次好了很多，虽然云朵的数量还是超过了 10 朵，但相比之前的密集状态，效果已大为改善。

单击放大其中的两款造型，
效果如右图所示。第 1 款造型太
普通了，属于很大众化的造型，
没有达到笔者想要的效果；第 2
款造型看上去还不错。

第 3 步：笔者还是想设计一款像彩云一样特别的沙发椅。怎样使它的颜色看上去既丰富多彩，又不会显得杂乱呢？笔者想到了彩虹——颜色又多又漂亮。再次修改第 1 步中的提示词，把"彩色"（colorful）改为"彩虹色"（iridescence），完整的英文提示词为"A stylish lounge chair design, the chair is composed of cushions shaped like iridescence clouds, it's made up of twenty clouds. Very beautiful, iridescence. The seat is as thick as a sofa, very comfortable. The material is coarse-looking. Chair legs are low stainless steel metal legs, four thick triangular support legs. Clean white background. The light is bright. Product views. Ultra detail, 4K, soft lighting, fantasy, fashion, Unreal Engine. --ar 3:2 --q 2 --s 300 --v 5"。

生成的图像如下图所示，颜色分布终于可控了。笔者挑了其中 3 款，单击放大图片。

第 1 款属于常规型，是那种自己可以动手制作的款式。

第 2 款有点像彩云，笔者想到了至尊宝踩着七彩祥云来找紫霞仙子的情景。

第 3 款是件艺术品，可以放进美术馆展览了。

本小节的工业设计案例都比较特别，因为常规的设计对于 Midjourney 来说太简单了。在操作的过程中，最主要的就是找到相关核心提示词。

3.1.8 设计作品和提示词展示

▲ 提示词：在一个地下宫殿里，两边站着一些狮子怪物，用石头雕刻而成。电影室内照明。整体的亮度。锋利的结构。超级细节。8K。锐聚焦。

Prompt: In an underground palace, on both sides of the palace stood some lion monster, carved out of stone. Movie interior lighting. Overall brightness. Sharp structure. Super detail. 8K. Sharp focus. --ar 2:1 --q 2 --s 500 --v 5

◀ 提示词：哥特式城堡矗立在黑色的岩石中，乌鸦飞来飞去。超多细节。8K。虚幻引擎5。

Prompt: Gothic castle stands in the black rock, crows flying around. Ultra detailed. 8K. Unreal Engine 5. --ar 9:13 --q 3 --v 5

提示词：奇幻氛围，色彩缤纷的灯光，柔和的色彩，插画风格，8K，新海诚风格，精致的蘑菇城堡，小树苗，柔软的草，萤火虫，超级清晰，可爱，野蛮生长，超级复杂的细节，美丽的风景，皮克斯风格，虚幻引擎 5，超广角镜头，HD。

Prompt: Fantasy atmosphere, colorful lighting, pastel colors, illustration style, 8K, Shinkai Makoto, delicate Mushroom Castle, small saplings, soft grass, fireflies, super clear, cute, savage growth, super complex details, beautiful scenery, Pixar style, Unreal Engine 5, super wide angle lens, HD. --ar 2:3 --v 5.1

提示词：场景概念设计，天空之城。数字艺术。

Prompt: Scene concept design, castle in the sky. Digital art. --ar 9:13 --c 50 --s 600

提示词：内部空间，生物技术风格，星球大战风格，高科技未来。

Prompt: Interior space, biotech style, Star Wars style, high-tech future . --s 600 --v 6.0

提示词：细节丰富，画面逼真，非常漂亮的室内阁楼设计，Octane 渲染，3D 渲染。

Prompt: High detailed, photoreal, very beautiful interior loft design, Octane render, 3D render. --ar 3:2 --v 5.1

提示词：细节丰富，画面逼真，非常独特的图书馆室内设计，矶崎新风格，Octane 渲染，3D 渲染。

Prompt: High detailed, photoreal, very unique library interior design, Arata Isozaki style, Octane render, 3D render. --ar 3:2 --v 5.1

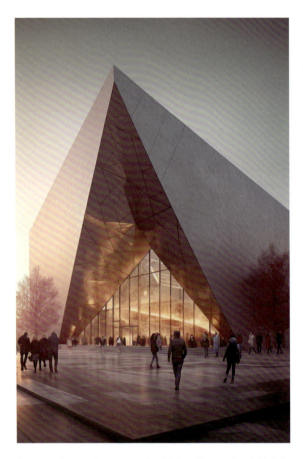

提示词：细节丰富，画面逼真，博物馆外观设计，由棱柱组合而成的造型，雷姆·库哈斯风格，白天薄雾效果，Octane 渲染。3D 渲染。

Prompt: High detailed, photoreal, exterior design of museum, the shape formed by the combination of textile prism, Rem Koolhaas style, daytime mist effect, Octane render, 3D render. --ar 2:3 --v 5.1

提示词: 全身展示的角色概念设计。一个女性机甲，除了头部，她很像电影中的钢铁侠机甲，机甲的颜色是金色和黑色，头部显示出女人的脸。全身显示。数字艺术。角色概念设计风格。

Prompt: Character concept design of full-body display . A female mech, except for her head, she is similar to the Iron Man Mech in the movie, the Mech color is gold and black, the head shows the woman's face. :: Full body show. Digital art. Character concept design style. --ar 2:3 --v 5

提示词：两个士兵在沙漠中行走，浅天蓝和深白的风格，未来主义的大型机甲设计，生锈的碎片，蒸汽朋克，微妙的颜色变化，注重细节。

Prompt: Two soldiers walking around in the desert, in the style of light sky-blue and dark white, futuristic big mecha design, rusty debris, steampunk, subtle color variations, detail-oriented. --ar 9:13 --c 50 --s 600 --v 5.1

提示词：机甲、服装和机械部件，整齐排列，整齐布局，解构，细节丰富，深度，许多部件，Lumen 渲染，8K，HD。

Prompt: Mecha, costumes and mechanical parts, knolling, knolling layout, deconstruction, highly detailed, depth, many parts, Lumen render, 8K, HD. --ar 2:3 --v 5

（注：knolling 的意思是把物品拆解开，然后整齐地摆放好。）

提示词：一个幻想中的生物站在森林中，它由花和树组成，诺亚·布拉德利和克伦茨·库斯哈特风格，受自然启发的抽象作品，由薄雾组成，超现实主义，细节丰富，戏剧化灯光，16K。

Prompt: A fantasy creatures are standing in a forest, it composed of flowers and trees，in the style of Noah Bradley, Krenz Cushart, nature-inspired abstractions, made of mist, super realistic, hyper detailed, dramatic lighting, 16K. --ar 9:13 --c 50 --s 600 --v 5.1

提示词：轻松的氛围，缤纷的灯光，柔和的色彩，全身，色彩，超级清晰，CG 风格，可爱的小美人鱼在跳舞，海螺，贝类，海藻，珍珠，微胖，柔软，夸张的动作，开心，可爱的头饰，迪士尼大眼睛，大眼睛，闪光，穿着精致的服装，可爱，立体，模型，3D，野蛮生长，超级复杂的细节，完美的细节，美丽的造型，皮克斯风格，虚幻引擎 5，8K，超广角镜头，高清。

Prompt: Relaxed atmosphere, colorful lights, soft colors, full body, color, super clear, CG cute little mermaid in dance, conch, shellfish, seaweed, pearl, slightly fat, soft, exaggerated action, happy, cute headdress, Disney big eyes, big eyes, flash, dressed in exquisite costume, cute, stereo, model, 3D, barbaric growth, super complex detail, perfect detail, beautiful styling, Pixar style, Unreal Engine 5, 8K, super wide angle lens, HD. --v 5.1

提示词：气氛轻松，灯光五彩缤纷，色彩柔和，CG 风格，可爱的小怪物在跳舞，略显肥胖，卡通，柔软细腻，夸张的表情，开心，可爱的头饰，迪士尼大眼睛，大眼睛，闪光，可爱，野蛮生长，超级复杂的细节，完美的细节，美丽的造型，皮克斯风格，虚幻引擎 5，渲染，阿诺德渲染，超广角镜头，高清，立体，模型，3D，全身拍摄，8K，超级清晰。

Prompt: Relaxed atmosphere, colorful lights, soft colors, CG cute little monster dancing, slightly fat body, cartoon, soft and delicate, exaggerated expression, happy,cute headdress, Disney big eyes, big eyes, flash, cute, savage growth, Super complex detail, perfect detail, beautiful styling, Pixar style, Unreal Engine 5, render, Arnold render, super wide angle lens, HD, stereo, model, 3D, whole body shooting, 8K, super clear. --ar 2:3 --v 5.1

提示词：一个装饰品。在一个玻璃球里，有一个冰的狐狸和冰树，细致，可爱。透视画。玻璃球里在下雪，很美。

Prompt: An ornament. In a glass sphere. Have an ice fox and ice trees, detailed, cute. Diorama.The snow in the glass sphere, very beautiful. --v 5

提示词：IP 玩具风格的狗。

Prompt: Dogs in the style of IP toy. --v 5

提示词：纸艺动物剪影，在丛林中，风格柔和的彩色风景，神话图像，Cinema 4D 渲染，充满活力的壁画，喜马拉雅艺术，纹理丰富的景观。

Prompt: Paper art animal silhouette, in the jungle, in the style of pastel-colored landscapes, mythological iconography, rendered in Cinema 4D, vibrant murals, himalayan art, texture-rich landscapes. --ar 91:51 --v 5.1

提示词：细节丰富，照片级，工业产品设计，非常有未来感的摩托车，叙德·米德风格。Octane 渲染，3D 渲染。

Prompt: High detailed, photoreal, industrial product design, a very futuristic motorcycle, Syd Mead style. Octane render, 3D render. --ar 3:2 --v 5.1

提示词：一个机械表。科技感。半透明外观，玻璃材质，数据可视化，工业机械美学。在白色背景上。

Prompt: A mechanical watch. Science feel. Translucent appearance, glass material, data visualization, industrial machinery aesthetics. On a white background. --ar 3:2 --s 700 --v 6.0

提示词：一个包装盒设计。长方形盒子。包装是插画风格。扁平风格。自然，桂花叶和桂花。盒子中间写着"桂花茶"的字样。纯色背景。

Prompt: A packaging box design. Rectangular box. Packaging illustration style. Flat style. Nature, osmanthus leaves and osmanthus flowers. The words "Osmanthus Tea" were written in the middle of the box. Solid color background. --ar 2:3 --s 500 --v 6.1

提示词：饮料瓶包装设计。包装是中国青绿山水画风格。扁平风格。白色背景。

Prompt: Beverage bottle packaging design. The packaging is in the style of Chinese green landscape painting. Flat style. White background. --ar 2:3 --s 600 --v 6.0

提示词：在破裂的玛瑙石中，硫黄在逼真的晶体中发光，霓虹灯的数字主义风格，辐射集群，深紫色和浅青色，边缘光，闪光核，浅蓝色和浅琥珀色。3D。8K。

Prompt: Glowing sulphuric in realistic crystals in a cracked agate stone, in the style of neon-infused digitalism, radiant clusters, dark purple and light cyan, rim light, sparklecore, light blue and light amber. 3D. 8K. --ar 3:4 --q 2 --v 5

提示词：五彩缤纷的宇宙包含在一个玻璃罐里，星云中有一艘船，看起来像加勒比海盗。超级逼真，超详细的，戏剧化灯光，4K。

Prompt: The colorful entire universe contained inside a glass jar, there is a ship in the nebula that resembles the Pirates of the Caribbean. Super realistic, hyper detailed, dramatic lighting, 4K. --ar 6:9 --s 260 --v 5

3.2 生成绘画作品

传统绘画作品蕴含了艺术家的情感，承载着许多艺术语言，目前出现的所有 AI 工具，包括 Midjourney，暂时都无法取代传统绘画的地位。随着时代的发展，即使各种新的媒介，如摄影、电影、数字媒介层出不穷，传统艺术的地位也无法被撼动。Midjourney 可以模仿生成绘画作品，但那只是一个表象。油画的肌理感，肉眼可见的颜料堆积，松节油的"油香"；国画的水墨晕染，自然流淌的效果，水墨的"墨香"；还有水彩画、装饰画、版画等传统绘画类型，都有自己的特有属性。传统绘画作品属于可触摸、可闻嗅的现实物品，这些都是 AI 绘画无法达到也无法取代的。

除了一些高档或讲究的场合，大部分地方展示、悬挂的绘画作品其实都是印刷品，而这些印刷品就可以通过 AI 生成。

前面已经简单地讲解并生成过一些绘画作品，本节将针对不同的绘画类型进行介绍。

3.2.1 国画

国画有很多种，包括工笔、白描、写意等，其中按题材又分为人物、山水等类别。在动手用 AI 生成国画之前，需要先确定要什么类型。例如，中国山水画按风格可分为青绿山水、金碧山水、水墨山水、浅绛山水、小青绿山水、没骨山水等，如果提示词只输入"中国画"，出来的效果十有八九都是水墨写意山水。水墨感是国画最主要的特征，AI 在算图时大概率会考虑这一点。

第 1 步： 定位。笔者计划生成一幅青绿山水画。提示词为"一幅中国青绿山水画。层峦叠嶂，延续千里，山路蜿蜒，有亭台楼阁。水墨青绿山水画，中国风，路上有穿着中国古装的行人，有马，有松树。中国色：深蓝色、石蓝、石绿，细节非常多。刘松年画风，仇英画风。8K，细节超丰富"。这里的中国色都是传统的国画用色，和其他的颜料有很大区别，颜色表现也是不同的。刘松年、仇英是国画名家。山水画大部分构图都采用竖画幅，这里笔者采用 1 ∶ 2 的比例。英文提示词为"A Chinese cyan green landscape painting. The mountains layer on top of each other, lingering thousands of miles, the mountain road winding, there are pavilions. Cyan green landscape painting, Chinese style, there are pedestrians in ancient Chinese clothes on the road, there are horses, pine trees. Chinese color: ultramarine, stone blue, stone green, super detail. Liu Songnian painting style, Qiu Ying painting style. 8K, super detail. --ar 1:2 --q 2 --s 600"。

按 Enter 键确认后，得到下面的两组图像，是山水画，笔者想要的元素也都有了，但画面色调看上去不够"青绿"。

第 2 步： 优化提示词。以青绿色为主体色，把画家替换为以画山水画为主的画家，如南宋画家赵伯驹、清代画家袁江、袁耀等，让 AI 的计算方向再清晰一些。

加入的英文提示词是"The main color is Chinese slateblue and ultramarine, Zhao Boju painting style, Yuan Jiang painting style, Yuan Yao painting style"。这次画面色调青绿了许多。

第 3 步： 落款中的书法字没有几个是能辨认的，可以将它们去掉。使用"--no"参数，在提示词中添加"--no word"，生成的图像就不会出现文字了。颜色方面可以再加强一下青绿。最终的英文提示词为"A Chinese cyan green landscape painting, lingering thousands of miles, the mountains layer on top of each other, the content is grand, there are many mountains and water, the main color is Chinese slateblue, sapphire, slateblue and sapphire, the mountain road winding, there are pavilions. Cyan green landscape painting, Chinese style, there are pedestrians in ancient Chinese clothes on the road, there are horses. Chinese color: slateblue, sapphire, ultramarine, stone blue, stone green, bean green, turquoise blue, ethereal. Zhao Boju painting style .Yuan Jiang painting style, Yuan Yao painting style. 8K, super detail. Ultra detail. --ar 1:2 --q 2 --s 600 --no word --v 5"。

从提示词中可以看出，笔者使用了多次"slateblue"和"sapphire"，并且国画色的英文名称和一般的颜色名称是不一样的，石蓝英文直译为"stone blue"，但这不是国画色中的石蓝，正确的应该是"slateblue"，所以只有使用正确的英文名称，才能得到想要的效果。有网友专门整理了国画色的英文名称，有需要的读者可以自行查阅。

最后得到下图的图像，这是笔者挑出的几张。虽然笔者使用了"--no"参数，但一些图上还是有落款出现，可能 AI 不能完全区分哪些是落款，哪些是画面。

选择其中看起来比较好的两张，单击放大图片，效果如下图所示。结合了大师的风格后，这类用 AI 生成的国画已经好过电商平台上的大部分国画印刷品。

在 Midjourney 中，只要输入的提示词准确，工笔、白描等非常细腻的国画手法都可以体现出来。如果需要引用某位画家的风格，这位画家必须非常出名，网络上有他大量的画作展示，这样 AI 才能获得大量有效数据并进行计算。

3.2.2 油画

油画可以分为非常多的派系，包括印象派、抽象派、野兽派、写实派、古典主义、现实主义、表现主义、超现实主义、立体主义、极简主义、波普主义、超写实主义等。当然，对于站在无数巨人肩上的 Midjourney 来说，这些风格都是可以驾驭的。

本小节使用的工具是 Midjourney 和 ChatGPT。

第 1 步：定位。本案例画一幅现实主义的人物画。提示词为"一幅女性半身油画，这位女性 30 岁，非常漂亮，穿着一身白色的连衣裙，坐在一张白色的圆桌旁，桌子上放着水果和鲜花，周围是一个开满鲜花的花园。康斯坦丁·拉祖莫夫风格"。这里借鉴的画家是俄罗斯的康斯坦丁·拉祖莫夫，他的画作用笔酣畅淋漓，色彩明快，人物形象活灵活现，最擅长画女性。英文提示词为"An oil painting of a bust of a woman, 30 years old, very beautiful, wearing a white dress, sitting at a white round table with fruit and flowers on the table, surrounded by a garden full of flowers. Konstantin Razumov style. --ar 2:3 --q 2 --s 200 --v 5"。

生成的效果如下图所示。可以看到笔者描述的提示词都有所体现，但感觉太严肃、太古典了。

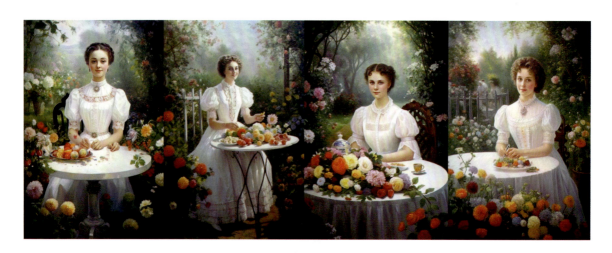

第 2 步：优化提示词。由于笔者缺乏对女性的细致观察，在描述与女性外貌相关的特征时，往往就会词不达意。笔者赶紧请教 ChatGPT，让它对画中的女性外貌进行一番描述。具体描述如下页图所示。笔者对生成的描述进行了精简，去掉了蕾丝遮阳帽等内容，因为笔者之前生成过一次，出来的都是草帽；对第 1 步中的提示词也做了精简，去掉了白色的圆桌，之后和 ChatGPT 的提示词结合到一起。英文提示词为"An oil painting of a bust girl, 26 years old, very beautiful, as she sat in the garden, the garden is beautiful too. There are many flowers. She is wearing a light blue dress. The medium-length dress flowed smoothly over her graceful figure, revealing her curves. The color of the dress is a refreshing light blue, perfectly blending in with the garden environment. The dress has an elegant V—shaped neckline, extending from the chest to the shoulders, showcasing her charming collarbone. The garden full of flowers surrounded her. Konstantin Razumov style. ——ar 2:3 ——q 2 ——s 200" 。

 花园里坐着一位漂亮的姑娘，她戴着一顶蕾丝遮阳帽，穿着一身浅蓝色的连衣裙，请用200字，详细描述她的服装特点。

那位漂亮的姑娘坐在花园里，她戴着一顶蕾丝遮阳帽，穿着一条浅蓝色的连衣裙。这条裙子是一件中等长度的裙子，从颈部延伸到膝盖，流畅地贴着她优美的身材，透露出她柔美的曲线。裙子的颜色是淡蓝色的，非常清新，完美地融入了花园的环境。

连衣裙的领口是一种优雅的V形设计，从胸部延伸到肩部，展示出她的迷人锁骨。裙子的肩带非常薄，搭在她的肩上，透露出她白皙的肌肤。在裙子的胸前，有一条细细的腰带，勾勒出她的纤细腰部线条，为裙子增添了些许亮点。

连衣裙的下摆是一片宽大的褶皱，展现出她的优美曲线。裙子的材质非常柔软，随着微风轻轻飘动，让她看起来更加优雅。她戴着一顶白色的蕾丝遮阳帽，帽檐上点缀着一些细小的花朵，非常漂亮。整个装扮的风格清新、淡雅，非常适合在花园中漫步。

这件连衣裙的设计精致、优美，非常适合这位姑娘的气质和外表。它展现了她的纤细和柔美，让她看起来更加迷人。

The beautiful girl sat in the garden wearing a lace sun hat and a light blue dress. The medium-length dress flowed smoothly over her graceful figure, revealing her curves. The color of the dress was a refreshing light blue, perfectly blending in with the garden environment. The dress had an elegant V-shaped neckline, extending from the chest to the shoulders, showcasing her charming collarbone. The dress's thin shoulder straps rested gently on her shoulders, revealing her fair skin. A thin waistband at the chest accentuated her slender waistline, adding a touch of shine to the dress. The dress's hemline was a large pleat, highlighting her beautiful curves. The dress's soft material gently fluttered with the breeze, making her look even more elegant. She wore a white lace sun hat with small flowers adorning the brim, adding to the beauty of the outfit. The overall style of the dress was fresh and elegant, perfectly suited for a leisurely walk in the garden. The dress's exquisite and delicate design complemented her grace and beauty, making her even more charming.

生成的图像如下图所示，如果不进行特别标注，Midjourney 默认生成的人物都长着一副欧美面孔。

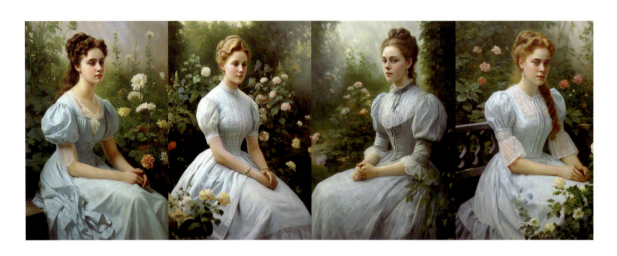

笔者在提示词中添加了"Asian girl"，让 Midjourney 生成亚洲女孩，英文提示词为"An oil painting of a bust girl, Asian girl. 26 years old, very beautiful, as she sat in the garden, the garden is beautiful too. There are many flowers. she is wearing a light blue dress. The medium−length dress flowed smoothly over her graceful figure, revealing her curves. The color of the dress is a refreshing light blue, perfectly blending in with the garden environment. The dress has an elegant V−shaped neckline, extending from the chest to the shoulders, showcasing her charming collarbone. The garden full of flowers surrounded her. Konstantin Razumov style. −−ar 2:3 −−q 2 −−s 200"。看一看效果。下图所示为生成的几张亚洲女孩油画，面貌的改变使得油画瞬间有了东方感。

优化提示词后，画面效果已经提升了很多，但画面风格不像是康斯坦丁·拉祖莫夫的，倒有点像威廉−阿道夫·布格罗（William−Adolphe Bouguereau）的唯美学院派风格，画面干净、唯美，没有笔痕。笔者决定继续进行调整。

第3步： 继续调整提示词。康斯坦丁·拉祖莫夫的风格是笔触感明显，用色大胆，酣畅淋漓，如同激昂的进行曲，而不是舒缓的小夜曲。这次优化，一要强调康斯坦丁·拉祖莫夫风格（Konstantin Razumov style），二要突出他的笔触明显（Obvious oil brush effect）。英文提示词为"An oil painting of a bust girl. Asian girl. 26 years old, :: Knee Shot(KS), very beautiful, she wearing a light blue dress. The dress had an elegant V-shaped neckline, revealing her curves. The girl wore her hair down. As she sat in a garden. There are many flowers. :: Sitting position shown above the knee. She sat at a white round table. She holding a pink flower gracefully. She looked at the flower in her hand. There were fruits and flowers on the table, and a garden full of flowers surrounded her. There were many lilies, and many roses of different colors. :: Konstantin Razumov style. :: Obvious oil brush effect. The pen feels clear and the color is bright, oil style. --ar 2:3 --q 2 --v 5"。仔细阅读上面的英文提示词，会发现这次多了一些"::"（双冒号），它的作用是强调，如"::Knee Shot(KS)"是强调大半身显示。虽然大家看到的图像都是大半身显示，但笔者在生成图像的过程中看到的很多都只有上半身。

最终得到的效果如下图所示，这才是康斯坦丁·拉祖莫夫的风格。与之前的图像对比，会发现区别很大。

放大其中的两张图像，看一看细节。用笔毫不拘束，收放自如；能看到堆积的油画颜料，有些地方甚至像是使用油画刮刀直接绘制出来的。应该说整体效果是非常不错的。

对于 AI 来说，生成人物始终是有难度的。如果人物油画都能生成，自然风景类的油画就更不在话下了。

3.2.3 插画

插画的种类、风格有很多，绘制手法有传统手绘，也有数字绘制。前面生成了一组人物油画，这里换一换题材，画一些唯美的场景插画。

第1步：定位。提示词为"一张插画，插画内容是一栋美丽的现代房子，漂亮的灯光。吉卜力工作室风格，超现实"。经常看动画片的读者应该对吉卜力工作室（宫崎骏的工作室）不陌生，他们创作了很多优秀的动画作品，画面都非常温馨。英文提示词为"An illustration of a beautiful modern house, beautiful lighting. Studio Ghibli style, surreal. --q 2 --s 300 --v 5"。画幅使用默认的正方形。

生成的图像如下图所示。感觉是有了，但灯光看上去太暗，并且有一些黑色的地方显得不够温馨，需要提升画面氛围。

第2步：优化灯光，提升画面。笔者添加了一些内容，新的提示词为"一张插画，插画内容是一栋美丽的现代房子，漂亮的灯光，轻松的气氛，五颜六色的灯光，柔和的色彩，超清晰，快乐，幸福，闪光，美丽的造型，吉卜力工作室风格，超现实，超级复杂的细节，完美的细节"。英文提示词为"An illustration of a modern house, beautiful lighting, relaxed atmosphere, colorful lighting, soft colors, super clear, happy, happy, flash, beautiful modeling, Studio Ghibli style, surreal, super complex details, perfect details. --q 2 --s 300 --v 5"。优化后生成的图像如下图所示。可以看到画面充满了快乐和温馨的氛围。

左图所示为其中比
较好的两张图像。

大家是否觉得生成的图像过于偏向宫崎骏动画风格，不像是插画？下面生成一些偏商业方向的插画。

如何调整呢？风格的切换，最主要的就是风格核心词的改变，包括艺术家名称、公司名称、绘画风格等。在之前生成图像所用提示词的基础上，笔者只是把"吉卜力工作室风格"（Studio Ghibli style）换成了"平面插画风格"（flat illustration style），生成图像就变成了截然不同的另外一种画风，如右图所示。

如果大家觉得图像风格还是太复杂，可以继续精简，把"平面插画风格"（flat illustration style）替换为"极简风格"（minimalism style），然后去掉所有与细节有关的描述，将背景改为白色。简化后的英文提示词为"Beautiful flat illustration of a modern house, surreal. super clear. minimalism style. White background. --q 2 --v 5"。

右图所示为经过极简处理的图像。大家经常可以在商业 MG（Motion Graphics）动画中和 UI 界面上看到这类风格的插画。如果还要简化，继续做减法即可。可以去掉阴影、树木等房子造型外的元素。笔者就不再做演示，大家可以自己尝试。这种调整方式也完全适用于人物插画。

3.2.4 绘画作品和提示词展示

提示词：一位中国武士，中国水墨画风格，笔法明显的墨水，飞溅，黑白。款式简约，全身。极简。

Prompt: A Chinese warrior, Chinese ink painting style, brushwork obvious ink, splash, black and white. Simple style, full body. Extreme simplicity. --niji 5 --style expressive

提示词：一位老爷爷在一群动物中间，周围是植物，Diana Stovanova 风格，极简主义风格，扁平风格。

Prompt: An old grandpa in the middle of a bunch of animals surrounded by plants, Diana Stoyanova style, minimalism style, flat style. --ar 2:3 --niji 5 --style cute

提示词：威廉·斯泰格风格。漫画，两个古代东方男孩正在追逐一条东方巨龙。龙在笑。

Prompt: William Steig Style. cartoon, two ancient eastern boys, are chasing an Eastern dragon. Dragon smiling. --s 300 --ar 2:1 --v 6.1（William Steig 是一位美国漫画家、插画家和儿童读物作者，以图画书《怪物史莱克》闻名，该书被改编为同名系列动画电影。）

提示词：一幅色彩鲜艳的动物插图。平面风格、极简主义风格和幼儿风格。卡通动物。有长颈鹿、狮子、考拉、猫、大象、猴子、兔子等。动物们都很高兴，微笑着。背景为白色。

Prompt: A brightly colored animal illustration. Flat style, minimalism style, and style for young children. Cartoon animals.There are giraffe, lion, koala, cat, elephant, monkey, rabbit, etc.The animals are all very happy, smiling. With a pure white background. --s 200 --ar 2:1 --v 6.1

提示词：水彩风格。Alvaro Castagnet 风格。一个中国城市的街道。夜景。春节。很多灯笼。灯光。商铺。行人。非常热闹。

Prompt: Watercolor style. Alvaro Castagnet style. The street of a Chinese city. A night scene. Spring Festival. Lots of lanterns. Lights. Shop. Pedestrian. It was very lively. --ar 2:3 --s 200 --v 6.1

提示词：中国山水画，色彩缤纷，
细节超级复杂，细节完美，32K。

Prompt: Chinese landscape painting,
colorful, super complex details,
perfect details, 32K. --ar 1:2
--v 5.1

提示词：有着一头长发的美丽年轻女孩穿着汉服，神奇的狐狸，神秘的，故事书中的插画，动态，电影，水彩风格，超多细节，黑暗的童话，错综复杂的细节，宫崎骏和押井守风格。

Prompt: Beautiful young girl with long hair in Hanfu and magic fox, mystic, storybook illustration, action, cinematic, watercolor style, ultra detailed, dark fairy tale, intricate detail, in the style of Hayao Miyazaki, Oshii Mamoru. --ar 1:2 --v 5.1

提示词：古斯塔夫·克里姆特的风格，一位微笑的母亲将她微笑的小女孩抱在怀里，超多细节。

Prompt: In the style of Gustav Klimt, A smiling mother holds her smiling little girl in her arms, ultra detailed. --ar 1080:1920 --q 2 --v 5.1

3.3 生成摄影作品

Midjourney 生成图像时为了模拟真实效果，基本都带了景深和虚焦等效果。但要想得到更专业的摄影作品，就不能只局限在 Midjourney 自动生成的效果上。在内容和参数设置方面有更高级的方法，例如，利用真实的摄影技术、对单反照相机进行设置等。

在 2023 年度索尼世界摄影大赛（SWPA）中，有一个获得创意类大奖的黑白肖像"摄影"作品——《虚假记忆：电工》，它的作者是一位摄影艺术家。在颁奖晚会上，他拒绝领奖，因为这幅"摄影"作品是由 AI 生成的。由此可见其逼真程度、"摄影"的专业程度有多高——可以经受住专业评委的审核。

以下是笔者整理的简单通用照相机的设置：佳能 EOS R6，镜头 RF 85mm，光圈 F/5（光圈越大，景深越小；大光圈适用于微距拍摄，小光圈适用于风景拍摄），ISO200（ISO 数值增加，亮度增加；ISO 值不是越高越好，只在光线较暗的情况下使用），快门速度为 1/250s（拍摄运动的物体时，物体运动得越快，快门速度应越快）。

3.3.1 高级人像

❶ 半身像

第 1 步："拍摄"一张女孩照片。提示词为"一位美丽的中国女孩，25 岁，粉紫色长发，美丽的笑容，坐在咖啡馆里。她上身穿着一件米色开衫，里面是白色打底衫。正面，精致的脸，美丽的眼睛"。参数设置为"人像选择竖版构图，质量参数为 5，风格化参数为 300，V5.0 版本"。

英文提示词为 "A beautiful and fashionable girl from China, 25 years old, long pink-purple hair, beautiful smile, sit in a cafe. She is wearing a beige cardigan over a white base. Front, detailed face, beautiful eyes. --ar 2:3 --q 5 -- s 300 --v 5"。

上页图所示为没有加照相机描述生成的效果，大家用手机应该都能拍出来。

第 2 步： 添加照相机描述提示词 "使用佳能 EOS R6 无反光镜摄像头，搭配高锐化且多功能的 RF 85mm 镜头。光圈为 F/2，ISO 200，快门速度为 1/500s。戏剧性构图。自然光，实景照片"。英文提示词为 "Expertly captured using a Canon EOS R6 mirror less camera, paired with the sharp and versatile RF 85mm. An aperture of F/2, ISO 200 and a shutter speed of 1/500 sec. The composition benefits from the dramatic. Natural lighting, real photograph. --ar 2:3 --q 5 --s 300 --v 5"。

笔者从生成的 8 张照片中选取了 5 张，如右图所示，它们细节丰富，质感逼真，景深、光感、层次都不错。是不是有一种高级感？

2 特写

上图效果尚可，但感觉缺乏一点艺术感，属于用单反照相机拍摄的中规中矩的人像。笔者带领大家再试试人物特写。这次"拍摄"一张热血勇士照片。

对于一位古代蒙古族勇士的面部特写来说，画面比例可以偏方一点，用 4：5 的画幅比例。提示词为 "一位古代蒙古族勇士坚韧而生动的面部肖像，有着复杂的情感和决心。他的眼神坚定而复杂，他那饱经风霜的脸上流露出强烈的感情。使用佳能 EOS R6 照相机，搭配 RF 85mm 镜头。光圈为 F/2，ISO150，快门速度为 1/300s。自然光，阴影明显"。

英文提示词为"A powerful and vividly realistic portrait of an ancient Mongols, his face contorted with raw emotion and determination. The intensity in his eyes and the intricate details of he weathered face. Expertly captured using a Canon EOS R6 camera, paired with the sharp and versatile RF 85mm. Aperture of F/2, ISO 150 and a shutter speed of 1/300 sec. The composition benefits from the dramatic. Natural lighting, which casts bold shadows. ——ar 4:5 ——q 3 ——s 300 ——v 5"。

如下图所示，立刻生成了几位刚毅的血性汉子，脸上带着复杂的表情。这些图片色调厚重，布光考究，看起来有点像《国家地理》杂志的摄影师拍摄的作品。

 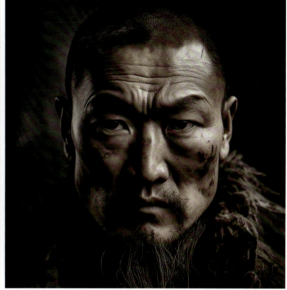

3 全身

全身构图是大家平时最常用的拍摄方式，当人们站立时，最适合的画幅就是竖形画幅。在 Midjourney 中想显示全身，一般要在提示词中特别标注"full body"。

这次生成一张古代的中国姑娘照片。文字提示词为"一个美丽的中国女性，姿态优雅，全身展示。穿着精致的刺绣汉服。蓝宝石色的中式服装，复杂的发型，飘逸的长袖，衣服的材质是丝绸和缎子，很多细节。背景是绿色的中国山水。戏剧性的照明，电影照明，高度详细的背景"。照相机描述提示词为"佳能 EOS R6，镜头 RF 85mm，光圈 F/6，ISO 700，快门速度为 1/300s"。参数设置为"宽高比为 1：2，质量参数为 4，风格化参数为 300，V5.0 版本"。

英文提示词为"A beautiful Chinese woman, dynamic elegance, full body display. Wearing exquisite embroidery Hanfu. Chinese clothes in sapphire color, complicated hairstyle, flowing long sleeves, clothing material is silk and satin, a lot of details. Background is a green Chinese landscape. Dramatic lighting, cinematic lighting, highly-detailed backgrounds. Expertly captured using a Canon EOS R6 camera, paired with the sharp and versatile RF 85mm. Aperture of F/6, ISO 700 and a shutter speed of 1/300 sec. --ar 1:2 --q 4 --s 300 --v 5"。

生成的效果如下图所示。有一种影视剧的剧照感，这些古装并非传统的古代汉服，而是结合了现代剪裁的设计，尤其是右侧大图中的衣领，非常有特点。等大家学会了造型替换，就可以自己制作古风婚纱照了。下图是直接生成的效果，没有经过任何精修，调整后的图像会更出彩。

3.1.3 小节讲解过一个简单的 T 恤设计案例，大家看到这里就会明白，很多服装都可以用不同的提示词来生成，并且生成的效果非常专业。

3.3.2 高级风景

风景摄影包括自然风光摄影和建筑摄影。相对于人物图像，Midjourney 生成风景图像会简单许多。人物的布光、颜色搭配、神态动作等都会直接影响最终画面的效果，因为人是大家最熟悉的，稍有偏差就会暴露不足，而风景由大量的元素构成，Midjourney 生成时不容易出现差错。

在风景摄影中，照相机设置和人物摄影大体是相似的，只是会多一个广角镜头的应用。广角镜头视角大、视野宽，拍摄同一物体时，使用广角镜头要比一般镜头拍摄的范围更广、景深更深，可以表现出更大的清晰范围，有效强调画面的透视效果，非常适合用来拍摄大场景。

在本案例中，笔者带大家生成一个视觉奇观。提示词为"从高处往下看海，在海的中间，水里有许多巨大的雕像，这些雕像非常非常大，有几百米高。它们的上半身露出水面，这些雕像就像复活节岛上的摩埃石像，它们都面朝东方，雕像下面有一些非常小的船。阳光天气效果"。照相机设置为"佳能 EOS R6，镜头用超广角镜头 18mm，光圈为 F/7，晴天 ISO 设置为 300，快门速度为 1/100s。细节需要很多，要写实。广角镜头搭配 3 ∶ 1 的超宽画幅可以产生电影画面的效果"。

英文提示词为"Looking down at the sea from a great height, in the middle of the sea, there were many huge statues in the water, the statues are very very large, hundreds of meters high. Their upper body is out of the water, and the statues are like the Moai of Easter Island, and they're all facing east, and underneath the statues are some very small ships. A sunny effect with the sun. Expertly captured using a Canon EOS R6 camera, ultra wide angle lens 18mm. Aperture of F/7, ISO 300 and a shutter speed of 1/100 sec. Surreal, super complex details, perfect details, crazy details. --ar 3:1 --q 4 --s 300 --v 5"。

生成效果如下图所示。可以看到有非常明显的广角透视拉伸效果和足够的视野宽度，烘托出了场景的肃穆效果。如果现实中想拍摄这样的大场景，除非将镜头拉得足够远，不然这些雕像根本拍不完整。

下面是其中的一张大图，场景布局非常有仪式感。如果使用传统的 CG 制作方式进行制作，建模、制作特效、渲染、合成需要几周的时间。

笔者调整了镜头，把广角镜头换成了普通 90mm 镜头（lens 90mm），其他参数设置不变，生成效果如下图所示。可以看到物体的呈现方式发生了非常大的变化，巨大的雕像成了零零散散琐碎的点缀。

中景、近景风景摄影与生成人物图像的方式类似，这里就不多做介绍了，大家可以自己尝试一下。

3.3.3 高级静物

冰冷的物品没有什么好展示的，本小节就为大家献上一些美食。

1 甜品

甜品应该怎么形容呢？还是请教一下 ChatGPT 吧。笔者让它设计一款甜品，下图所示为笔者和它的问答内容。

ChatGPT 为甜品起了一个好听的名字：蜜糖泡芙，听起来就很甜。外观提示词 ChatGPT 已经提供了，但笔者还想"请"一位甜品大师为它把把关，这位大师就是来自法国的皮埃尔·埃尔梅（Pierre Hermé），他被称为"甜品界的毕加索"，是一位甜品天才。照相机参数用拍摄人物特写时的参数即可。细节方面越细致越好，看看 ChatGPT+Midjourney 生成的效果能否让人惊艳到流口水。

> **W** 设计一款美味的甜品，详细描述它的外貌。
>
> 我设计的这款甜品名为"蜜糖泡芙"，是一款传统法式泡芙的变体。它外观金黄色，长约5厘米，直径约3厘米。以下是对它外貌的详细描述：
>
> 1. 外形：整体呈现为一个完美的球形，由两层外皮和一层充满奶油和香草口味的馅料组成。上层外皮带有一定的凹陷，使得整个泡芙看起来更加迷人。
> 2. 外皮：泡芙外皮由一层酥脆的面团制成，外层披上一层金黄色糖霜，使其更加诱人。糖霜的颜色和味道都能提升甜品的质感和味道。
> 3. 馅料：泡芙内部充满了柔软的奶油和香草口味的馅料。这种馅料能够为整个甜品提供丰富的口感和香气，同时也能让甜品更加美味。
> 4. 装饰：在泡芙的顶部撒上一层白色的蜜糖，让整个甜品看起来更加诱人。同时在泡芙的底部涂上一层巧克力酱，让整个甜品的口感更加复杂。
>
> 这款"蜜糖泡芙"不仅外形精致，而且口感丰富，能够给人们带来独特的美味体验。

英义提示词为"The dessert, called Honey Puff, is a variation on traditional French puff. It has a golden yellow appearance and is about 5 centimeters long and 3 centimeters in diameter. Here's a detailed description of its appearance: Appearance: The whole is presented as a perfect sphere, consisting of two layers of crust and a filling filled with cream and vanilla flavors. The upper crust has a certain depression, which makes the whole puff look more attractive. Crust: The puff's crust is made from a crispy dough and coated with golden frosting to make it even more attractive. The color and flavor of the frosting can enhance the texture and flavor of the dessert. Filling: The inside of the puff is filled with a soft cream and vanilla flavoured filling. This filling provides a rich texture and aroma to the whole dessert, while also making the dessert more delicious. Garnish: Sprinkle the top of the puff with a layer of white honey to make the dessert look more inviting. At the same time, spread a layer of chocolate sauce on the bottom of the puff to make the whole dessert taste more complex. This Honey Puff is not only delicate in appearance, but also rich in taste, which can bring people a unique delicious experience. Expertly captured using a Canon EOS R6 mirror less camera, paired with the sharp and versatile RF 85mm. An aperture of F/2, ISO 200 and a shutter speed of 1/200 sec. Pierre Hermé style. Surreal, super complex details, perfect details, crazy details. --ar 2:3 --q 4 --s 300" 。

按 Enter 键确认，生成图像，如下图所示。

❷ 大餐

笔者让 ChatGPT 设计了一道名叫"龙腾四海"的中餐，这道菜的特征描述如下图所示。

> **W** 根据"龙腾四海"这个名字设计一道中餐，要色香味俱全，只描述外观。之后翻译。

> 设计一道名为"龙腾四海"的中餐，外观色香味俱全。这道菜采用鲍鱼、海参、虾仁和墨鱼等海鲜作为主要食材，配以色彩鲜艳的蔬菜和配料。整道菜肴摆盘造型如一只巨龙，龙头由鲍鱼和海参切片组成，龙身由墨鱼切片和虾仁拼接而成，造型逼真，栩栩如生。龙身蜿蜒盘旋，随意排列着彩色的蔬菜和海鲜，犹如四海之中的瑰宝。每个食材都经过巧妙的加工处理，保留了其原本的鲜美和质感，让人口感丰富，满足多样化的味觉需求。整个菜品色泽鲜艳，令人垂涎欲滴。
>
> Design a Chinese dish named "龙腾四海" that is visually appealing and flavorful. This dish features a combination of seafood such as abalone, sea cucumber, shrimp, and cuttlefish, along with colorful vegetables and garnishes. The dish is presented in the shape of a dragon with sliced abalone and sea cucumber forming the head, while the body is made up of sliced cuttlefish and shrimp, arranged in a lifelike manner. The dragon's body curves and twists, with colorful vegetables and seafood arranged in a seemingly random fashion, representing the treasures of the four seas. Each ingredient is expertly prepared to retain its natural flavor and texture, creating a complex and satisfying taste experience. The dish's vibrant colors are visually appealing and highly appetizing.

英文提示词为"Design a Chinese dish that is visually appealing and flavorful. This dish features a combination of seafood such as abalone, sea cucumber, shrimp, and cuttlefish, along with colorful vegetables and garnishes. The dish is presented in the shape of a dragon with sliced abalone and sea cucumber forming the head, while the body is made up of sliced cuttlefish and shrimp, arranged in a lifelike manner. The dragon's body curves and twists, with colorful vegetables and seafood arranged in a seemingly random fashion, representing the treasures of the four seas. Each ingredient is expertly prepared to retain its natural flavor and texture, creating a complex and satisfying taste experience. The dish's vibrant colors are visually appealing and highly appetizing. Expertly captured using a Canon EOS R6 mirror less camera, paired with the sharp and versatile RF 85mm. An aperture of F/2, ISO 200 and a shutter speed of 1/200 sec. Surreal, super complex details, perfect details, crazy details. −−q 4 −−s 300 −−v 5"。

生成效果如下页图所示。虽然没有第一道甜品有诱惑力，但也是一道"硬菜"。龙虽没见着，但蔬菜的雕花很有中国特色。

静物的生成方式比菜肴的设计生成更简单，只需要输入静物的描述词，再添加照相机设置和参数设置即可。

3.3.4 高级剧照

剧照是表现戏剧或影视剧场面的照片。拍摄影视剧时会有专门的摄影师或者剧照师拍摄剧照，它是集场景、人物、道具等于一体的一种呈现方式。

本小节会使用 Midjourney V5.0 和 V5.1（RAW Mode）教大家生成剧照。

① 使用 Midjourney V5.0

第1步： 定位。笔者打算生成一张科幻电影的剧照。电影的常规画面比例是 16 ：9，超宽荧幕的比例是 2.35 ：1，这里用常规的 16 ：9。提示词为"2030 年的科幻电影剧照，中等全镜头，3 人特写，3 名宇航员打开了一个奇怪的物品，蓝紫色调，氛围灯光，戏剧性的光影对比。有飞船的 UI 和 UX 屏幕，线索，探索，令人紧张的气氛。使用佳能 EOS R6 照相机，搭配 RF 85mm 镜头。光圈 F/6, ISO 700，快门速度为 1/300s"。

英文提示词为"2030s sci-fi film still, medium full shot, three-man close-up. 3 astronauts opening a strange artifact, blue and purple tones, atmospheric lighting, dramatic light and shadow contrast, screens with spaceship ui/ux, clues, discover, suspenseful. Expertly captured using a Canon EOS R6 camera, paired with the sharp and versatile RF 85mm. Aperture of F/6, ISO 700 and a shutter speed of 1/300 sec. --ar 16:9 --s 800 --v 5 --q 3"。提示词中的"close-up"在生成摄影图像时用得较多，意思是特写镜头。

Midjourney V5.0 版本的生成效果如下图所示。气氛表现出来了，对词汇的理解也很到位。唯一的欠缺是图中有些宇航员的头盔造型看起来像摩托车头盔。

第2步：为图片命名。上页图中右上角的那张图看起来不错，人物的动作和表情都很入戏。如果这是一部探索类的科幻片，起一个什么名字比较好呢？笔者向 ChatGPT 请教这个问题，得到的回复如下图所示。这些片名看起来都不错，考虑到他们打开的物品充满了未知感，就选择《未知星系》这个名字吧，毕竟人类永远在探索未知的路上。

 一部探索类的科幻片，人类宇航员发现了一个外星物品，不知道打开会遇到什么情况。请为这部影片起一个醒目又贴切的名称。

以下是几个可能的名称：

1. 未知探秘 (Unknown Expedition)
2. 禁忌之门 (Forbidden Gateway)
3. 陌生星球之谜 (Mystery of the Alien Planet)
4. 宇宙遗产 (Cosmic Legacy)
5. 星际异物 (Interstellar Anomaly)
6. 谜样信号 (Enigmatic Signal)
7. 未知星系 (Unknown Galaxy)
8. 外星起源 (Alien Genesis)
9. 超空间之门 (Portal to Hyperspace)
10. 黑暗物质 (Dark Matter)

第3步：处理图片。在 Photoshop 中为图片添加片名，稍做划痕处理，效果如下图所示。大家看到这张剧照之后，对这部影片是不是充满了期待呢？

2 使用 Midjourney V5.1（RAW Mode）

第 1 步： 用 V5.1 版本生成图片。提示词和前面的基本相同，只需要把参数中的"--v 5"改为"--style raw --v 5.1"即可。或者直接使用"/settings"指令在设置面板中把版本调整为 V5.1，再单击 RAW Mode 按钮即可。生成的图像（部分）如下图所示。与 V5.0 版本相比，V5.1 的 RAW Mode 模式生成的剧照颜色更鲜艳、丰富。

第 2 步：处理图片。笔者选择了其中比较好的一张图片，单击放大后在 Photoshop 中为其添加片名，效果如右图所示。

V5.1 的 RAW Mode 模式在处理单个对象时稳定性不太好，但在生成剧照方面的效果比 V5.0 版本要好。许多新手用户面对 Midjourney，就如同这 3 位宇航员面对未知物品，内心既激动又好奇。Midjourney 能帮助用户发现新的事物，掌握新的技能。

3.3.5 摄影作品和提示词展示

提示词：一条中国古老的街道上，有很多穿汉服的人。漂亮的年轻姑娘。许多男人和女人都在购物。使用佳能 EOS R6 相机，配合锐利而多功能的 RF 85mm 镜头进行专业拍摄。光圈为 F/6，ISO 700，快门速度为 1/300s。

Prompt: An ancient Chinese street, there are many people in Hanfu. Beautiful young girl. Many men and women are shopping. Expertly captured using a Canon EOS R6 camera, paired with the sharp and versatile RF 85mm. Aperture of F/6, ISO 700 and a shutter speed of 1/300 sec. --ar 2:1 --q 3 --s 300 --v 5

提示词：一个美丽的中国女孩穿着粉红色的礼服在玫瑰园，精致的服装细节，可爱和梦幻，复杂的细节。充满活力的颜色。8K。专业的色彩分级。晶莹剔透的感觉。柔和的阴影。清晰锐利的焦点。高端修整。获奖摄影作品。广告摄影。高质量。高分辨率。使用佳能 EOS R6 无反光镜相机，配合锐利而多功能的 RF 85mm 镜头拍摄。光圈为 F/2，ISO 200，快门速度为 1/500s。自然光，真实照片。

Prompt: A beautiful Chinese girl in a pink gown posing on the rose garden, exquisite clothing detail, cute and dreamy, intricate details. Vibrant colors. 8K. Professional color grading. Crystal clear feel. Soft shadows. Clean sharp focus. High-end retouching. Award winning photography. Advertising photography. High quality. High resolution. Expertly captured using a Canon EOS R6 mirror less camera, paired with the sharp and versatile RF 85mm. An aperture of F/2, ISO 200 and a shutter speed of 1/500 sec. Natural lighting, real photograph. --ar 2:3 --s 1000 --c 12 --q 2 --v 5.1

提示词：老虎战士。全身正面视角，右手拿着长手杖，披着棕色斗篷，脖子上戴着银质装饰，站在一块岩石上，非常细致，佳能 EOS R3，50mm，8K，超高清。

Prompt: Tiger warrior. full front body view, holding a long walking stick in right hand, wearing a brown cloak, wearing a silver medallion around neck, standing on a rock, highly detailed, Canon EOS R3, 50mm, 8K, ultra HD. --ar 2:3 --s 230 --v 5

提示词：一只愤怒的老虎从岩石上俯视他的领地，老虎身上有一些污渍。26mm 镜头。老虎面朝向我，蛙眼视角。使用佳能 EOS R6 相机，配合锐利相机，熟练捕捉。光圈为 F/2，ISO 150，快门速度为 1/300s。构图具有戏剧性。自然光，投射出明显的阴影，极致的细节。真实的照片。

Prompt: An angry tiger looking down from a rock onto his territory, there was more stains on the tiger. 26mm lens, facing towards me, frog perspective. Expertly captured using a Canon EOS R6 camera, paired with the sharp. Aperture of F/2, ISO 150 and a shutter speed of 1/300 sec. The composition benefits from the dramatic. Natural lighting, which casts bold shadows. Extreme detail. Real photograph. --ar 4:5 --q 3 --s 900 --v 5.1

提示词：电影剧照。800 万年前，一群原始人挤在一起，正在一起拍集体自拍。他们在一个露天的山洞里，穿着兽皮。每个人都对着镜头微笑。他们很高兴。这张照片逼真，光线自然，是一位老原始人用前置手机自拍相机拍摄的。非常详细，超级逼真。超级详细。

Prompt: Film still. Eight million years ago, a group of primitive people are huddled together and is taking a group selfie picture together. They are in an open cave. They were dressed in animal skins. Everyone smiling directly at the camera. They are very happy. The image is photorealistic, has natural lighting, and is taken with a front-facing phone selfie camera by one of the old primitive man. Highly detailed. Super realistic. Super detailed. --ar 3:2 --no phone --v 6.1 --style raw

提示词：电影剧照，水下摄影，两个穿着泳衣的女子，和很多的粉红色大水母一起玩耍，光影对比强烈。她们很高兴。使用佳能 EOS R6 相机，配合锐利而多功能的 RF 85mm 相机进行专业拍摄。光圈 F/6，ISO 700，快门速度为 1/300s。

Prompt: Film stills, underwater photography, two women in swimsuits, playing with lots of big pink jellyfish, dramatic contrast of light and shadow. They are very happy. Expertly captured using a Canon EOS R6 camera, paired with the sharp and versatile RF 85mm. Aperture of F/6, ISO 700 and a shutter speed of 1/300 sec. --ar 16:9 --s 300 --v 6.1--style raw

提示词：Lambda 级 T-4a 航天飞机飘浮在太空中的恒星基地上，获奖照片，佳能 EOS R5, 50mm, 8K, 超高清。极致的细节，锐化的细节，电影制作，逼真的，现代构图。

Prompt: Lambda-Class T-4a Shuttle floating over star base in space, award winning photo, Canon EOS R5, 50mm, 8K, ultra HD, incredibly detailed, sharpen details, cinematic production, photorealistic, modern composition. --ar 16:9 --s 750 --q 2 --style raw

提示词：分形色彩的城市，迷人的构图，爱丁堡，超现实的电影。非常细致和复杂。使用佳能 EOS R6 相机，超广角镜头 18mm 专业捕捉。相机设置经过精心选择，以强调引人注目的细节和场景的动态范围，光圈为 F/7, ISO 200，快门速度为 1/100s。超现实，超级复杂的细节，完美的细节，摄影。

Prompt: Fractal color city, charming composition, Edinburgh, surreal cinematic. Insanely detailed and intricate. Expertly captured using a Canon EOS R6 camera, ultra wide angle lens 18mm. The camera settings have been meticulously chosen to emphasize the striking details and dynamic range of the scene, aperture of F/7, ISO 200 and a shutter speed of 1/100 sec. Surreal, super complex details, perfect details, photography. --ar 2:3 --v 5 --q 2

附录

变现方式

现在很多人面对 AI 非常焦虑，但光焦虑是没有用的，要把 AI 工具最大限度地利用起来。

学完这本书，相信大家已经可以熟练使用 Midjourney 生成图像了。但学习使用 Midjourney 不是为了做几张图取悦自己，而是要学以致用，结合实际，把 Midjourney 应用到现实中，实现降本增效，这才是学习使用 Midjourney 的目的。

经过第 3 章的学习，大家已经知道 Midjourney 图像生成技术在各个领域都有着广泛的应用，笔者只是蜻蜓点水般介绍了一下 Midjourney 在几个领域的具体应用。虽然很多领域都没有涉及，但使用方法是大同小异的，大家可以举一反三，结合自己的行业和工作特点，把 Midjourney 的功能发挥到极致。以下是笔者总结的一些落地场景和方式。

（1）游戏开发：生成逼真的游戏角色和场景，以提升游戏品质和用户体验。适用对象：游戏公司。

（2）影视开发：设计电影、电视剧、广告中的角色、场景，以提高效率。适用对象：影视开发公司、前期设计公司、后期制作公司、衍生品开发公司等。

（3）造型开发：辅助 IP 开发人员、原型师、手办师等进行造型设计。适用对象：IP 开发公司、手办制作公司等。

（4）建筑装修设计：生成逼真的建筑外观及室内场景（如客厅、卧室、厨房等），以提高建筑和装修方案的生成效率。适用对象：乐园开发公司、建筑设计公司、装修公司等。

（5）电商及 UI 设计：生成各种 UI 界面、图标、虚拟模特展示图、产品宣传页等，以提升购买体验。适用对象：App 开发公司，淘宝、京东等电商。

（6）广告包装设计：为企业生成广告海报、宣传页、产品包装，制作广告素材，快速生成视觉效果良好的广告图像。适用对象：广告设计公司、包装设计公司、营销推广公司等。

（7）装饰品设计：生成绘画作品、艺术雕塑等装饰品，帮助店铺生产装饰画内容，或帮助厂家设计装饰品造型。适用对象：装饰品公司、装饰品厂商等。

（8）时尚设计：辅助设计师制作时尚服装和配饰。适用对象：服装公司、首饰公司、鞋帽公司等。

（9）家具及灯具设计：生成各种造型的家具和灯具。适用对象：家具制造厂商、灯具制造厂商等。

（10）工业产品设计：辅助工业产品设计师进行各种产品的设计，为设计师提供创意和灵感，以提高设计效率。适用对象：汽车制造商、智能机器人制造公司、电器制造商等。

此外，Midjourney 还可以应用于图书插画设计、虚拟造型定制、运营设计等领域。可以说 Midjourney 的应用范围非常广泛，基本上与视觉、图形、图像相关的领域都是它的应用领域。

结语

笔者在前言中说："许多新事物的产生都会在社会上引发巨大的波动。人们最初会对它们感到好奇、兴奋，之后可能会产生焦虑情绪，最后会进行深入思考和积极探索。"Midjourney 已经引起了设计行业的焦虑，但 Midjourney 只是一个生成图像的工具，当真正掌握了 Midjourney 之后，人们就会知道哪些是它可以做到的，哪些是它做不到的，以及该如何使用它。

Midjourney 目前在国内尚未真正普及。但笔者相信，只要 Midjourney 的开发企业持续进行良好的维护，增强生成图像时的可控性，修改调整功能，日后它终将会和 Photoshop 一样得到大家的广泛使用。目前所有 AI 图像生成工具的操作方式都大同小异，学会其中一个，其他的稍加研究便可以掌握。未来也许会出现功能更为强大的 AI 图像生成工具，但无论是哪种工具，都可以通过学习掌握其用法。